Sitzungsberichte der Heidelberger Akademie der Wissenschaften
Mathematisch-naturwissenschaftliche Klasse
Jahrgang 1978, 2. Abhandlung

Beiträge zur Geoökologie der Zentraleuropäischen Zecken-Encephalitis

Unter Mitarbeit von

H.J. Jusatz, E. Krippel, O. Kožuch, A. Liebisch, V. Mayer, J. Nosek, A. Radda, H. Schmitz und H. Wellmer-Schwind

Herausgegeben von

| Helmut J. Jusatz

(Vorgelegt in der Sitzung vom 29. Oktober 1977 von Herrn R. Haas)

Mit 2 Kartenblättern und 18 Abbildungen

Springer-Verlag Berlin Heidelberg GmbH 1978

ISBN 978-3-540-09009-0   ISBN 978-3-642-46392-1 (eBook)
DOI 10.1007/978-3-642-46392-1

Universitätsdruckerei H. Stürtz AG, Würzburg
2123/3140-543210

Dem Andenken an

ERNST RODENWALDT
Dr. med. Dr. phil. h.c.

Professor für Hygiene an der
Ruprecht-Karl-Universität

ordentl. Mitglied der Akademie
Begründer der Geomedizinischen Forschungsstelle
der Heidelberger Akademie der Wissenschaften

aus Anlaß seines 100. Geburtstages
am 5. 8. 1978
gewidmet

Vorwort des Herausgebers

Seit einem Jahrzehnt sind im deutschen wissenschaftlichen Schrifttum zunehmend Angaben über das Vorkommen von einzelnen Erkrankungen des Nervensystems zu finden, bei denen der Stich einer Zecke als Ursache für das Auftreten der Erkrankung von dem Patienten angegeben wurde. Der klinische Verlauf dieser Fälle entsprach dem Erscheinungsbild der zuerst in osteuropäischen Ländern beschriebenen Frühsommermeningoencephalitis, einer Infektion mit einem durch Zecken übertragenen Virus, dem FSME (Frühsommermeningoencephalitis)- oder CEE (Central European Encephalitis)-Virus, das früher in die sog. Arbovirusgruppe B eingereiht wurde und jetzt zu den Flaviviren gehört. Durch den Ausbau der serologischen Diagnostik ist es heute möglich geworden, die einzelnen Erkrankungsfälle von anderen neurologischen und Virus-Erkrankungen zu differenzieren und ihr Vorkommen auf Grund von anamnestischen Angaben der Patienten genau zu lokalisieren. Dabei zeigte sich eine zunächst regellos erscheinende, fleckenförmige Verteilung der Einzelfälle im Gebiete der Bundesrepublik Deutschland, um deren Aufklärung eine interdisziplinäre Zusammenarbeit mehrerer Wissenschaftler aus verschiedenen Fachrichtungen notwendig ist.

Es kann in der Gegenwart als eine spezielle Aufgabe einer wissenschaftlichen Akademie angesehen werden, sich über die Grenzen der einzelnen Fakultäten hinwegzusetzen, um ein Forschungsvorhaben interdisziplinär auszurichten. Von diesem Standpunkt aus ist es als eine richtige Entscheidung anzusehen, wenn die Heidelberger Akademie der Wissenschaften auf ihrem dritten ,Geomedizinischen Symposium anläßlich des 25jährigen Bestehens ihrer Geomedizinischen Forschungsstelle als ein erstes Verhandlungsthema einen Überblick über den gegenwärtigen Stand der Forschung über den Erreger, den Überträger und über die Verbreitung der Zecken-Encephalitis in der Bundesrepublik durch verschiedene Fachvertreter geben ließ. Zur Ergänzung wurde über den starken Befall in Österreich berichtet.

Mit diesem Teil des Symposiums wurde der Anschluß an die vorausgegangenen internationalen Symposien über Naturherde von Infektionskrankheiten in Europa hergestellt, bei denen über die geoökologischen Bedingungen gesprochen wurde, die dem Vorkommen von Zecken-Encephalitis zugrundeliegen. Die jugoslawische Akademie hatte eine eigene zusammenfassende Darstellung herausgegeben.

In der vorliegenden Abhandlung werden die auf Schloß Reisensburg während des dritten Geomedizinischen Symposiums gehaltenen Vorträge zusammengefaßt und durch zwei Beiträge ergänzt, die vom Virologischen Institut der Slowakischen Akademie der Wissenschaften zur Verfügung gestellt wurden, wofür dem Direktor des Instituts, Herrn Professor Dr. Blaškowič, gedankt wird.

Die folgenden Beiträge, Fotos und Karten sind als ein erster Versuch zu betrachten, die geoökologische Forschung über die durch Zecken übertragene Virusinfektion auch in der Bundesrepublik Deutschland im Sinne einer Zusammenarbeit von Angehörigen der verschiedenen Fachrichtungen anzuregen.

Helmut J. Jusatz

Inhalt

Ausklapptafeln:
1. Kartenblatt: Verbreitung der Zentraleuropäischen Zecken-Encephalitis 1969—1976 (auf der Grundlage eines Kartenausschnittes von Mitteleuropa 1:2,5 Mill. der Geomedizinischen Forschungsstelle der Heidelberger Akademie der Wissenschaften)
2. Kartenblatt: Vorkommen von *Ixodes ricinus* in verschiedenen Waldgesellschaften der Westkarpaten

Anschriften der Verfasser

Professor Dr. med. H.J. JUSATZ, Leiter der Geomedizinischen Forschungsstelle der Heidelberger Akademie der Wissenschaften, Karlstr. 4, Postfach 102769, D-6900 Heidelberg

Dr. E. KRIPPEL, Geographisches Institut der Slowakischen Akademie der Wissenschaften, Obrancov mieru 49, 886 25 Bratislava, ČSSR

Dr. O. KOŽUCH, Institute of Virology, Slovak Academy of Sciences, Mlynská dolina, 80939 Bratislava 9, ČSSR

Dozent Dr. med. vet. sc. A. LIEBISCH, Institut für Parasitologie der Tierärztlichen Hochschule Hannover, Bünteweg 17, D-3000 Hannover-Kirchrode

Dr. V. MAYER, Institute of Virology, Slovak Academy of Sciences, Mlynská dolina, 80939 Bratislava 9, ČSSR

Dr. J. NOSEK, Institute of Virology, Slovak Academy of Sciences, Mlynská dolina, 80939 Bratislava 9, ČSSR

Dozent Dr. med. A.C. RADDA, Institut für Virologie der Universität Wien, Kinderspitalgasse 15, A-1095 Wien

Dozent Dr. med. H. SCHMITZ, Institut für Virologie im Zentrum für Hygiene, Klinikum der Albert-Ludwigs-Universität, Hermann-Herder-Straße 11, Postfach 820, D-7800 Freiburg

Dr. med. HELLA WELLMER-SCHWIND, Geomedizinische Forschungsstelle der Heidelberger Akademie der Wissenschaften, Karlstr. 4, D-6900 Heidelberg

Das FSME-Virus

Virologische und immunologische Aspekte

von

H. Schmitz

Der Erreger der Zeckenencephalitis wird im englischen Schrifttum meist als CEE (Central European Encephalitis)-Virus bezeichnet, bei uns jedoch vorwiegend mit FSME (Frühsommermeningoencephalitis)-Virus abgekürzt. Letztere Bezeichnung ist nicht besonders zutreffend, da eine jahreszeitlich relativ gleichmäßige Verteilung der Krankheitsfälle über alle Sommermonate bis in den Herbst zu beobachten ist. Früher wurde das FSME-Virus als Verwandter des Gelbfiebervirus in die Gruppe B der Arboviren eingeordnet. Nachdem die biochemisch und morphologisch relativ einheitliche Familie der Arboviren vor kurzem aufgelöst wurde, hat das FSME eine taxonomische Heimat bei den Togaviren gefunden. Hier wurden alle diejenigen Viren zusammengefaßt, die Ribonukleinsäure besitzen und deren kubisches Nukleokapsid von einer Hülle (Toga) mit darauf befindlichem Haemagglutinin umgeben ist. Diese Viren haben einen Durchmesser von ca. 20–40 nm. Die Toga oder Hülle ist in einer elektronenmikroskopischen Abbildung (Abb. 1) deutlich als feine Kontur um das eigentliche Nukleokapsid herum zu sehen.

Von anderen Togaviren ist das FSME-Virus morphologisch nicht zu unterscheiden. Aufgrund alter immunologischer Kriterien wurde es mit dem Gelbfiebervirus innerhalb der Togaviren in die Gruppe der Flaviviren eingeordnet. Diese Flaviviren sind mit der früheren Gruppe B der Arboviren weitgehend identisch.

Die engsten Verwandten des FSME-Virus finden sich in Tabelle 1.

Diese Viren führen nicht nur zu klinisch ähnlichen Erkrankungen, sondern zeigen auch im Immunodiffusionstest in Agargel Kreuzreaktion. Das Louping ill-Virus ist in erster Linie eine Erkrankung von Schafen und Ziegen, die nur selten durch Zecken auf den Menschen übertragen wird, während der Komplex der TBE-Viren schwere menschliche Meningoencephalitiden in großer Zahl hervorrufen. Dabei soll der Subtyp der Russian Spring Summer Encephalitis schwerere Erkrankungen hervorrufen als das bei uns vorkommende FSME-Virus.

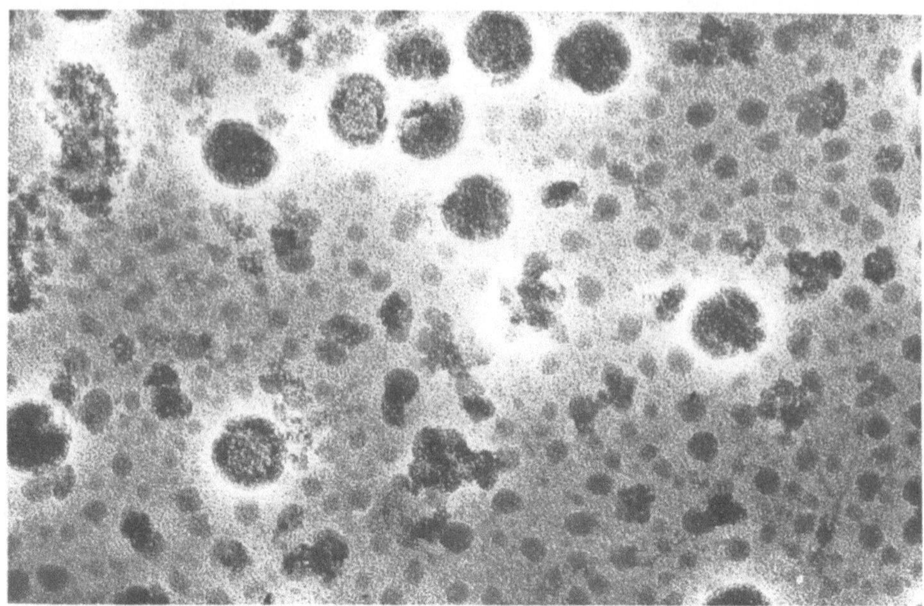

Abb. 1. FSME-Virus in HeLa-Zellen. (Nach A. RADDA)

Allein durch klinische Daten ist eine FSME nicht sicher von anderen Meningoencephalitiden abzugrenzen. Differentialdiagnostisch kommen basale Meningitiden etwa durch Mycobakterien, aber auch Encephalitiden nach Enterovirusinfektionen und im besonderen eine Poliomyelitis in Frage. Daher ist eine sichere Diagnose nur aufgrund virologischer Daten zu erbringen. Virusisolierungen aus Blut und Liquor sind selten erfolgreich, wenn bereits das 2. meningoencephalitische Stadium der Krankheit erreicht ist. Daher stehen immunologische Methoden ganz im Vordergrund. Zwei Methoden haben besonderen diagnostischen Wert: nämlich die Komplementbindungsreaktion (KBR) und der Haemagglutinationshemmungstest (HHT). Für die Durchführung der KBR steht heute bereits ein käufliches Antigen der Behringwerke zur Verfügung, das allerdings keine haemagglutinierenden Eigenschaften mehr besitzt. So ist man für die Produktion des haemagglutinierenden Antigens immer noch auf die relativ gefährliche Vermehrung des virulenten Virus angewiesen. In letzter Zeit ist es uns gelungen, einen Immunenzymtest zum Nachweis von Antikörpern gegen das FSME-Virus aufzubauen. Hierbei kann das käufliche Antigen der Behringwerke verwendet werden, das an Glasplatten angetrocknet wird (Abb. 2). Der Test zeichnet sich durch hohe Empfindlichkeit aus und erfordert im Vergleich zum HHT geringen technischen Aufwand.

Generell hängt die Empfindlichkeit und Spezifität von KBR, HHT und Enzymtest von einer ganzen Reihe unterschiedlicher technischer und

Tabelle 1. Durch Zecken übertragene Meningoencephalitisviren der Flavi-Gruppe mit Angaben über Erstisolierungen verschiedener Stämme (nach THEILER und W.G. DOWNS)

Virus	Subtype	Strain	Country of origin	Source	Year of isolation
Powassan		Byers	Canada	Human brain	1958
Louping ill		Moredun	Scotland	Sheep brain	1931?
		VRL 2821/58	Wales	Lamb brain	1952
		VRL 2822/58	Scotland	Lamb brain	1958
Tick-borne	Central	Stillerova	Czechoslovakia	Human brain	1950
encephalitis	European	Bia M	Poland	Human blood	1954
(TBE)	(CEE)	Biphasic men. enceph.	USSR	Human blood	1953
		Byelorussia Strain 256	USSR	*Ixodes ricinus*	1940
		DKR 22	Poland	Rodent blood	1955
		Graz	Austria	Human CNS	1953
		Hypr	Czechoslovakia	Human blood	1953
		K 185	USSR	Goat milk	1952
		K 191	USSR	Goat milk	1952
		Kludobok	Poland	*I. ricinus*	1953
		Kumlinge A 52	Finland	*I. ricinus*	1951
		Kumlinge A 59	Finland	*I. ricinus*	1959
		Kumlinge A 105	Finland	*I. ricinus*	1959
		Pozelueve	USSR	Human blood	1956
		Slovenia	Yugoslavia	Human blood	1953
		Sweden 20536	Sweden	Human blood	1953
		Sweden T	Sweden	*I. ricinus*	1958
		V	USSR	Human blood	1958
		Vienna 415 BTR	Austria	*I. ricinus*	1961
	Far	Sophin	USSR Far East	Human brain	1937
	Eastern	Parker	USSR Far East	Human brain	1937?
	(RSSE)	Spring N4 East	USSR Far East	Human brain	1937
		Khabarovsk 17	USSR Far East	Human brain	1957
		1322 *I. persulcatus*			
		11	USSR Far East?	*I. persulcatus*	1940?
		Ticks Ch	USSR West	*I. ricinus*	1949
		Riger	USSR West	Human blood	1954
		Leningrad # 6	USSR West	*I. ricinus*	1949
		Leningrad # 8	USSR West	*I. ricinus*	1949

methodischer Parameter ab, die in jedem Laboratorium anders gehandhabt werden. Hier wäre, um zu vergleichbaren Ergebnissen zu kommen, eine Standardisierung der verwendeten Methoden durch Angleichung der verschiedenen Testvorschriften und durch Verteilung von Referenzseren mit definiertem Antikörpergehalt unbedingt erforderlich. Sonst kann

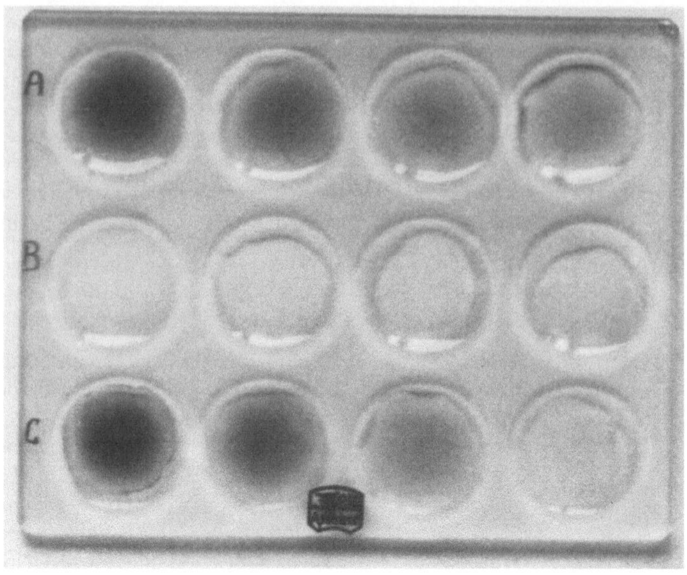

Abb. 2. Immunoenzymassay mit an Glasplatten fixiertem FSME-Antigen. Positive Reaktionen sind durch Farbentwicklung nachweisbar. A) positives Serum; B) negatives Serum; C) schwach positives Serum. (Testverdünnung 1:50, 1:100, 1:200 und 1:400)

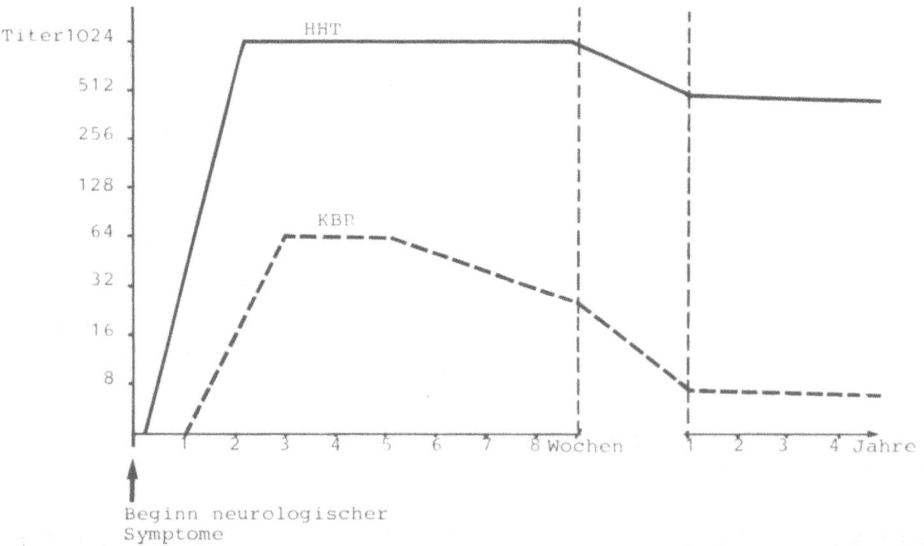

Abb. 3. HHT und KBR-Antikörpergenetik bei 42 FSME-Patienten. Die zu identischen Zeiten nach Krankheitsbeginn erhaltenen Einzeltiter (22 Seren nach 2 Tagen, 42 Seren nach 8 Wochen, 13 Seren nach 2 Jahren), wurden zu mittleren geometrischen Titern zusammengefaßt

z.B. ein Titer in der KBR in Freiburg von 1:16 etwas ganz anderes bedeuten als in anderen deutschen Laboratorien. Um eine gewisse Standardisierung unserer Werte zu erreichen, haben wir daher aus dem Virologischen Institut in Wien 10 verschiedene Serumproben mit dazugehörigen Angaben der HHT- und KBR-Titer erhalten und uns methodisch auf diese Titerwerte eingestellt.

Aus der folgenden Abb. 3 läßt sich die Bedeutung der mit der KBR und dem HHT erhaltenen Antikörpertiter für die Diagnostik einer akuten FSME ersehen.

Relativ früh zu Beginn des akuten 2. Stadiums finden sich bereits geringe haemagglutinierende Titer, die wenige Tage später schon maximale Werte erreicht haben. Diese relativ hohen Titer sinken während des ersten Jahres nur geringfügig ab und bleiben über viele Jahre praktisch unverändert nachweisbar, so daß man nach einer Erkrankung selbst noch nach vielen Jahren mit hohen HHT-Titern rechnen kann. Ganz anders dagegen verhält sich die Kinetik der komplementbindenden Antikörper. Diese sind meist erst eine Woche nach Krankheitsbeginn nachzuweisen und fallen in den ersten zwei Monaten nach Beginn der Erkrankung schon wieder deutlich ab. Nach einem Jahr sind daher nur noch relativ geringe Resttiter vorhanden. Diese persistieren dann allerdings auch über viele Jahre.

Aus dem hier aufgezeigten Antikörperverhalten läßt sich die diagnostische Bewertung verschiedener Antikörper-Konstellationen im Serum klar ersehen. Für eine frische FSME-Infektion sprechen alle signifikanten, d.h. mindestens 4fache Titerveränderungen, die in 2 Serumproben in einem ein- bis zweiwöchigen Intervall erhalten werden. Einzeltiter, die mit dem HHT erhalten werden, lassen generell keinen Schluß auf den Zeitpunkt nach der Infektion zu. Allerdings sprechen relativ hohe Antikörpertiter im HHT von über 1:160 doch für eine Infektion, die die klinischen Symptome hervorgerufen hat. Sofern also bei einer vorher leeren Anamnese eine akute Meningoencephalitis mit solchen Titern einhergeht, insbesondere in Gebieten mit geringer Durchseuchung, ist eine FSME-Erkrankung sehr wahrscheinlich. Nach unseren Erfahrungen finden sich dagegen niedrigere Antikörpertiter im HHT auch bei Personen, die nur eine inapparente Infektion mit dem FSME-Virus durchgemacht haben. Die Bestimmung der haemagglutinationshemmenden Antikörper eignet sich nach dem bisher Gesagten also nur zur Feststellung einer Durchseuchung, da diese Antikörper in hoher Konzentration im Serum persistieren. Andererseits kann durch den Nachweis der sehr frühen Serokonversion im HHT eine besonders schnelle Diagnose ermöglicht werden, bevor noch mit der KBR Antikörper nachweisbar sind.

Zur Feststellung einer durchgemachten Infektion anhand eines Einzeltiters ist die Angabe von komplementbindenden Antikörpern besonders

geeignet. Wegen des schnellen Abfalls der komplementbindenden Antikörper kann schon aus einem relativ niedrigen Titer von ≧ 16 auf eine
akute Infektion geschlossen werden. Zusammenfassend kann man daher
unter der Voraussetzung einer niedrigen (< 1%) Durchseuchung in der
Bundesrepublik Deutschland alle HHT-Titer von ≧ 160 bei Patienten
mit erstmaliger Meningoencephalitis und alle KBR-Titer ≧ 16 im Sinne
einer kürzlich durchgemachten FSME-Infektion interpretieren. Alle Sero-
konversionen beziehungsweise Titerbewegungen sind natürlich besonders
beweiskräftig.

Aufgrund der serologischen Kriterien haben wir die seit 1970 in Süddeutschland vorgekommenen FSME-Fälle zusammengestellt. Je nach
Eindeutigkeit des erhaltenen serologischen Resultates wurden unter-
schiedliche Symbole bei der kartographischen Erfassung unserer Fälle
verwandt. So bedeuten die voll ausgefüllten Kreise serologisch eindeutige
Erkrankungsfälle, während Dreiecke serologisch diagnostizierte Fälle aus
Krankenhäusern ohne nähere Angaben des Infektionsortes charakterisie-
ren und offene Kreise die klinisch erfaßten Meningoencephalitiden nach
Zeckenbiß mit und ohne serologische Abklärung vor 1969 bedeuten (siehe
Kartenbeilage).

Es zeigte sich, daß Erkrankungsfälle sich in ganz bestimmten Arealen
häufen, während andere Gebiete offenbar von Infektionen verschont bleiben. Dieses Verhalten hat natürlich Bedeutung für die klinische Relevanz
eines Zeckenbisses beim Menschen. So kann man sich anhand solcher
Karten über die Wahrscheinlichkeit orientieren, mit der eine FSME-
Infektion nach Zeckenbiß in dem jeweiligen Areal anzunehmen ist. In
der letzten Abbildung soll auf die deutliche Zunahme von Erkrankungsfällen hingewiesen werden (Abb. 4).

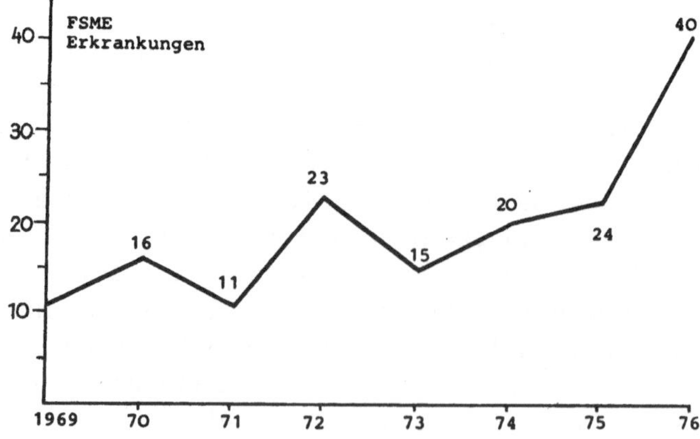

Abb. 4. Serologisch gesicherte FSME-Erkrankungen in der Bundesrepublik Deutschland
seit 1969. (Nach B. Lindemann)

Die stetige Zunahme der Krankheitsfälle ist möglicherweise mit einer Zunahme der Zeckendichte korreliert. Wahrscheinlich ist auch der prozentuale Anteil infizierter Zecken und evtl. auch infizierter Mäuse, die hier als Virus-Reservoir dienen, angestiegen. Auch für die nächsten Jahre ist eine noch weit über den Vorjahren liegende Morbiditätsrate zumindest in Südbaden zu erwarten. So wird wohl eine Eindämmung der Erkrankung nur durch eine prophylaktische Impfung mit der in Österreich bereits erfolgreich verwendeten Totvaccine zu erreichen sein.

Literatur

BLAŠKOVIČ, D., LIBIKOVA, D.: Arbovirusinfektionen. In: GSELL, MOHR: Infektionskrankheiten. Berlin, Heidelberg, New York 1967

HUBINGER, M.G., HOFMANN, H., KRAUSTER, J.: Das Überdauern von Antikörpern gegen das FSME-Virus beim Menschen. Zbl. Bakt. I. Orig. **213**, 145−152 (1970)

LINDEMANN, B.: Die Verbreitung der FSME in der Bundesrepublik Deutschland. Med. Inaug. Dissertation Univ. Freiburg 1978

MUSSGAY, M., ENZMANN, P.J., WEILAND, E., HORZINEK, M.C.: Growth cycle of arbovirus in vertebrate and arthropod cells. Progress in Medical Virology **19**, 258−305 (1975)

SCHMITZ, H.: Improve detection of virus specific IgM antibodies. J. gen. Virology **40**, 459−463 (1978)

THEILER, M., DOWNS, W.G.: The arthropode borne viruses of vertebrates. Yale University Press 1973

Zur Überträgerökologie der Zeckenencephalitis in der Bundesrepublik Deutschland*

von

A. Liebisch

1. Einleitung

In der deutschen medizinischen Fachliteratur der jüngsten Zeit finden sich in zunehmender Zahl Publikationen über die Zeckenencephalitis in der Bundesrepublik Deutschland. Diese Arbeiten haben jedoch nahezu ausschließlich das Virus, dessen Epidemiologie und die Klinik zum Gegenstand. Dem Vektor selbst und dessen Ökologie wurde nur sehr wenig oder keine Beachtung geschenkt. Dies steht im auffallenden Gegensatz zur Literatur aus unseren Nachbarländern Österreich und Tschechoslowakei, wo langdauernde und intensive Untersuchungen zur Ökologie der Vektoren der Zeckenencephalitis durchgeführt wurden (SIXL u. NOSEK, 1972; RADDA, 1973; ROSICKÝ, 1960; ČERNÝ, 1972). Ein Grund für die mangelhafte Bearbeitung der Vektoren der Zeckenencephalitis in der Bundesrepublik Deutschland mag darin zu finden sein, daß die Bedeutung der deutschen Zecken jahrelang unterschätzt wurde und dadurch nur wenige Untersuchungen zur Artenzusammensetzung der deutschen Zeckenfauna, deren Biologie und Epidemiologie durchgeführt wurden (ENIGK u.a., 1963; BOCH u. SUPPERER, 1971). Dies war u.a. Anlaß, 1974 mit einer systematischen Untersuchung der deutschen Ixodiden zu beginnen. Obwohl diese Untersuchungen zur Fauna und zur Ökologie noch in vollem Gange sind, zeichnen sich doch schon einige Ergebnisse ab, die auch für die Epidemiologie der FSME von Bedeutung sind. Nach einer zunächst mehr allgemeinen Darstellung soll auf die Überträger der FSME in der Bundesrepublik Deutschland und deren Ökologie näher eingegangen werden.

---

* Die experimentellen Arbeiten wurden von der Deutschen Forschungsgemeinschaft gefördert.

2. Die Rolle der Zecken im Naturherd

Die Zeckenencephalitis gehört neben dem Rocky Mountain Spotted Fever zu jenen Naturherdinfektionen, deren Epidemiologie durch die Schlüsselstellung der Zecke als Vektor und als Reservoir des infektiösen Agens charakterisiert wird. Bei der Untersuchung derartiger Naturherde müssen dreierlei Beziehungen analysiert werden. Dies sind die Beziehungen Zecke — abiotische Umwelt und Vegetation, Zecke — Wirbeltierwirt und Zecke — Virus.

Die zwei erstgenannten Beziehungen stellen in gewisser Weise Basisbeziehungen dar, da sie die Existenz einer Zeckenpopulation und damit eines Naturherdes überhaupt erst ermöglichen. Unter Kenntnis der unterschiedlichen Ansprüche und Anpassungsfähigkeit der einzelnen Zeckenarten wäre es nicht richtig, einem der zahlreichen abiotischen und biotischen Faktoren ein Primat zuerkennen zu wollen. Vielmehr ist es das komplizierte Zusammenspiel und Ineinandergreifen dieser Faktoren, das Vorkommen und Verbreitung der Zecken beeinflußt.

Die Beziehung Zecke — abiotische Umwelt und Vegetation ist als die erste und grundlegende Beziehung anzusehen, da die Zecke den überwiegenden Teil ihres Lebens freilebend am Boden oder an der Vegetation verbringt. Diese Beziehung bestimmt das Vorkommen und die Grenzen der Verbreitung der Zeckenart. Die zweite Beziehung, Zecke — Wirbeltierwirt, ist die parasitische Phase im Leben des Überträgers, die vergleichsweise kurz ist und nur Tage oder Wochen dauert. Diese Beziehung erlangt jedoch Bedeutung, da sie die trophische Phase darstellt, während der die Aufnahme sowie die Weitergabe des Erregers erfolgt. Jedes Entwicklungsstadium der Zecke (Larve-Nymphe-Adulte) muß einmal Blut an einem Wirbeltierwirt aufnehmen, ehe es sich weiterentwickeln kann. Dabei werden nach Art und Größe jeweils verschiedene Wirte aufgesucht. Mit dem Zeckenstich und während des Saugaktes gelangt das Virus mit dem Speichel der Zecke von dem einen in den anderen Wirt. Diese Beziehung, Zecke — Wirbeltier, sichert den Kreislauf des Virus innerhalb des räumlich und ökologisch begrenzten Lebensraumes, der einen Naturherd darstellt.

Die dritte Beziehung, Zecke — Virus, ist entscheidend für die Persistenz des Virus in einem Naturherd. Neben der vektoriellen Rolle kommt der Zecke auch als Reservoir für das FSME-Virus Bedeutung zu. Diese Funktion der Zecke als Virusreservoir wird darin erkennbar, daß eine einmal infizierte Zecke zeitlebens Virusträger bleibt, das Virus sich in der Zecke vermehrt und nahezu alle Organe besiedelt. Die Infektion kann sowohl transstadial als auch transovarial auf die nächste Generation weitergegeben werden. Nach der Aufnahme des Virus durch die Zecke mit dem infizierten Blut eines Wirbeltierwirtes vermehrt sich das infektiöse Agens während der Vorhäutungsperiode. Nach der Häutung tritt das Virus in eine ekliptische Phase ein, in der es im Vektor nicht mehr nachweisbar ist. Das frisch gehäutete Zeckenstadium benötigt einige Wochen, ehe es bereit ist, sich an einem neuen Wirt anzusaugen. Erst nach dieser Hungerperiode gelingt auch wieder die Isolierung und Übertragung des Virus (REHAČEK, 1960; KOŽUCH u.a., 1966).

Die Beziehung Virus — Wirbeltierwirt berührt die Zecke als Vektor nur insofern, als die Virämie der Wirtstiere den Prozentsatz der virophorischen Zecken in einem Naturherd bestimmt. Der Mindesttiter des Virus im Blut, bei dem 1 bis 5% der saugenden Zecke infiziert werden können, wurde durch RADDA u.a. (1969) als etwas unter 100 LD_{50} festgestellt. Ein hoher Virustiter wird am ehesten bei kleinen Säugern, wie z.B. der Gelbhalsmaus (*Apodemus flavicollis*) erreicht, die auch in den deutschen Biotopen einer der häufigsten Wirte für Larven von *Ixodes ricinus* ist.

3. Die deutschen Zeckenarten als Vektoren der FSME

Bei den Untersuchungen der deutschen Zeckenfauna wurden bisher insgesamt 16 Schildzeckenarten festgestellt. Darunter finden sich 11 Arten der Gattung Ixodes, 2 Haemaphysalis, 2 Dermacentor und 1 Art der Gattung Rhipicephalus. Für die Epidemiologie der FSME scheidet ein großer Teil dieser Zeckenarten aufgrund ihrer speziellen Biologie aus. Dies trifft auf *R. sanguineus* zu. Diese Zeckenart lebt bei uns nur in geschlossenen Räumen und parasitiert Hunde. Aber auch eine Reihe von Ixodes-Arten (*I. lividus*, an Uferschwalben; *I. vespertilionis*, an Fledermäusen) spielen mit Sicherheit keine Rolle. Es verbleiben aber mindestens 7 Schildzeckenarten der deutschen Zeckenfauna, denen eine mehr oder weniger große Bedeutung als Vektoren der FSME zukommt. Es sind dies die nachstehenden Schildzeckenarten, die experimentell als Vektoren des Virus bekannt wurden oder aus denen das Virus isoliert werden konnte:

Ixodes ricinus (L., 1758)
Ixodes hexagonus (Leach, 1815)
Ixodes arboricola (Schulze u. Schlottke, 1929)
Haemaphysalis punctata (Can. et Fanz, 1877)
Haemaphysalis concinna (Koch, 1844)
Dermacentor marginatus (Sulz., 1776)
Dermacentor reticulatus (Fabr., 1794)

Ohne auch nur eine Zeckenart in ihrer vielleicht erst viel später erkennbaren speziellen Funktion im Kreislauf des Virus unterschätzen zu wollen, kann mit Recht auch für Deutschland festgestellt werden, daß die Zeckenart *Ixodes ricinus* der wichtigste Überträger des Virus der

FSME ist. Soweit bekannt, ist dies auch die einzige Zeckenart, aus der bisher das Virus in Deutschland isoliert werden konnte. Hierbei muß jedoch ergänzend festgehalten werden, daß die anderen Zeckenarten noch nicht untersucht wurden.

Die Zeckenarten *I. hexagonus, I. arboricola, H. concinna* und *D. reticulatus* sind als potentielle Überträger anzusehen. Aufgrund ihres sehr begrenzten Vorkommens in Deutschland und ihrer biologischen Besonderheiten sind sie jedoch nur von untergeordneter vektorieller Bedeutung. *Ixodes ricinus, I. hexagonus, H. concinna* und *D. reticulatus* haben in Deutschland zahlreiche ökologische Gemeinsamkeiten. Assoziationen im Vorkommen von zwei oder drei dieser letztgenannten Zeckenarten im gleichen Lebensraum sind nicht selten.

Grundsätzliche Unterschiede in der Ökologie bestehen jedoch bei den drei wichtigen Zeckenarten *Ixodes ricinus, Dermacentor marginatus* und *Haemaphysalis punctata.*

Die häufigste und am weitesten verbreitete Zeckenart in Deutschland ist *Ixodes ricinus* (Abb. 1). Diese euryöke und euryphage Zecke ist in hohen Populationsdichten in den deutschen Nadel-Laub-Mischwaldbeständen mit viel Unterholz und einer dichten Krautzone zu finden (Abb. 2). Naturherde der FSME in solchen Biotopen rechnen wir zum hercynischen Typus (Nosek u.a., 1968; Radda, 1973). Die Struktur der Vegetation und das große Wirtstierangebot für alle Entwicklungsstadien der Zecken bilden hier eine Voraussetzung für die hohe Populationsdichte

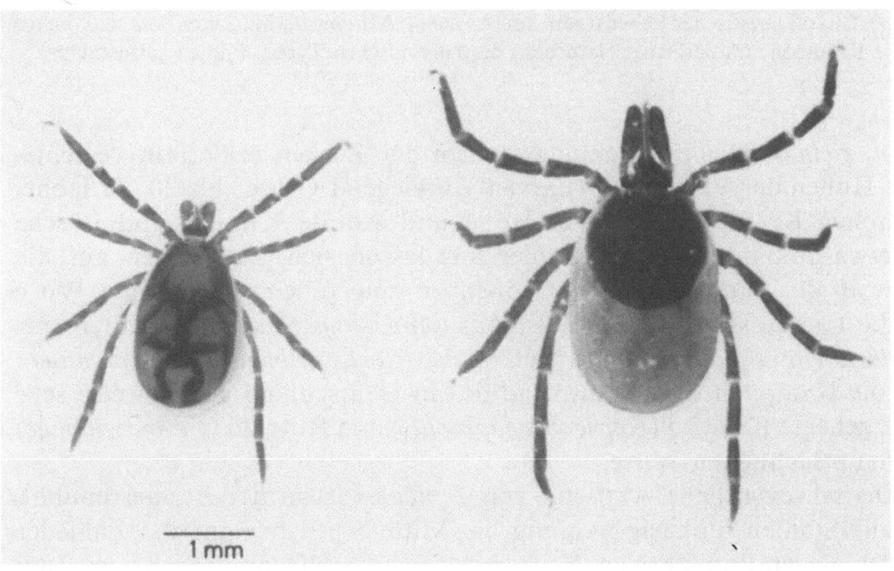

Abb. 1. *Ixodes ricinus* (li. Männchen, re. Weibchen), beide von dorsal. Photo: Liebisch

Abb. 2. Charakteristischer Lebensraum von *I. ricinus*, Mischwald mit Unterholz und dichter Krautzone (Adlerfarn): Naturherd des hercynischen Typus. Photo: LIEBISCH

von *I. ricinus*. Die Entwicklungsstadien der Zecken erklettern verschiedene Höhen der Vegetation (Larven vorwiegend Gräser bis 30 cm Höhe, Nymphen Kräuter bis zu 1 m Höhe und Adulte Kräuter und Büsche bis etwa 1,50 m Höhe). Von hier aus lassen sich die Zecken auf die Wirte in der entsprechenden Größenordnung fallen. Bevorzugte Wirte für die Larven sind die Gelbhalsmaus (*Apodemus flavicollis*), Rötelmaus (*Clethrionomys glareolus*) und Spitzmäuse (*Sorex araneus* und *S. minutus*). Für die Nymphen und Adulti sind das in Deutschland gebietsweise sehr stark gehegte Rehwild (*Capreolus capreolus*) und Rotwild (*Cervus elaphus*) die hauptsächlichen Wirte.

Die jahreszeitliche Aktivität von *I. ricinus* ist in der Bundesrepublik für alle Stadien biphasig. Anfang bis Mitte April beginnt die Zahl der an der Vegetation aktiven Zecken rasch zu steigen, erreicht im Juni einen Höhepunkt und fällt in den trockenen und warmen Sommermonaten ab. Im September/Oktober folgt eine zweite, kleinere Aktivitätsspitze. Insgesamt ist diese Saisonaktivität stark vom Jahresverlauf der Temperatur und Feuchtigkeit geprägt und kann sich in Abhängigkeit von den abiotischen Faktoren verschieben. Anfang und Ende der Aktivität werden von den Bodentemperaturen bestimmt, die je nach Ortslage durch untere Werte von 5 −7° C begrenzt werden.

Von ROSICKÝ (1959) wurden die Naturherde der Zeckenencephalitis auf der Grundlage der Beziehungen der Zecke zu ihren Wirten klassifiziert. Nach dieser Einteilung gehören die deutschen Naturherde, in denen *I. ricinus* als Hauptvektor fungiert, zu dem theriodischen Typ. Bei diesem Naturherdtyp dienen nur wildlebende Tiere (Kleinsäuger, Vögel, Großsäuger) als Blutspender für die Zecken. Der zweite Typ eines Naturherdes, der nach der Klassifizierung von ROSICKÝ (1959) als boskmatischer Typ bezeichnet wird, und in dem weidende Haustiere die ausschließlichen Wirte für Nymphen und Adulti von *Ixodes ricinus* darstellen, dürfte in Deutschland äußerst selten sein. Der Grund ist in anthropogenen Einflüssen zu sehen, insbesondere in der regelmäßigen Weidepflege, im Umbruch und in der Einzäunung von Weiden. Da diese Weiden strauch- und baumlos sind, kann sich die Zecke *I. ricinus* dort nicht halten.

Naturherde des boskmatischen Typus können in Deutschland jedoch vergesellschaftet mit den Zeckenarten *D. marginatus* und *H. punctata* bestehen. Den Nymphen und Adulti dieser beiden Zeckenarten dienen weidende Schafe und Rinder als Wirte. Dies ist eine Gemeinsamkeit im Vorkommen der beiden Zeckenarten. Hinsichtlich anderer ökologischer Faktoren, insbesondere der Bodenverhältnisse, der Temperaturen und der Vegetation unterscheiden sich die Verbreitungsgebiete der beiden Zeckenarten jedoch erheblich.

Das Verbreitungsgebiet von *D. marginatus* (Abb. 3 u. 4) liegt in Süddeutschland vorwiegend in den Tälern des Rheins von Basel bis Mainz und im Maintal (LIEBISCH u.a., 1976a). Bei diesem Verbreitungsgebiet handelt es sich um die wärmsten und trockensten Teile Deutschlands. Im Rheintal liegen die mittleren Jahrestemperaturen über +10° C, und die mittleren jährlichen Niederschlagssummen liegen unter 700 mm. Die Böden sind Muschelkalke und Flugsande, die sich leicht erwärmen bzw. die Temperatur lange Zeit halten. Die Vegetation ist xerophil und hat häufig Steppencharakter. Trockenrasengesellschaften mit der Fiederzwenke (*Brachyopodium pinatum*) als Charakterpflanze sind typisch. Wir rechnen Naturherde in derartigen Gebieten zu dem pannonischen Typ.

Innerhalb des Verbreitungsgebietes kommt *D. marginatus* mosaikartig vor. Der Grund hierfür ist in den innerhalb des Verbreitungsgebietes liegenden, für die Zecken ungeeigneten Biotopen (feuchte Wälder, Sümpfe) natürlichen Ursprungs und in durch anthropogene Einflüsse (Ackerbau, Besiedlung) veränderten Biotopen zu sehen. Aber auch in

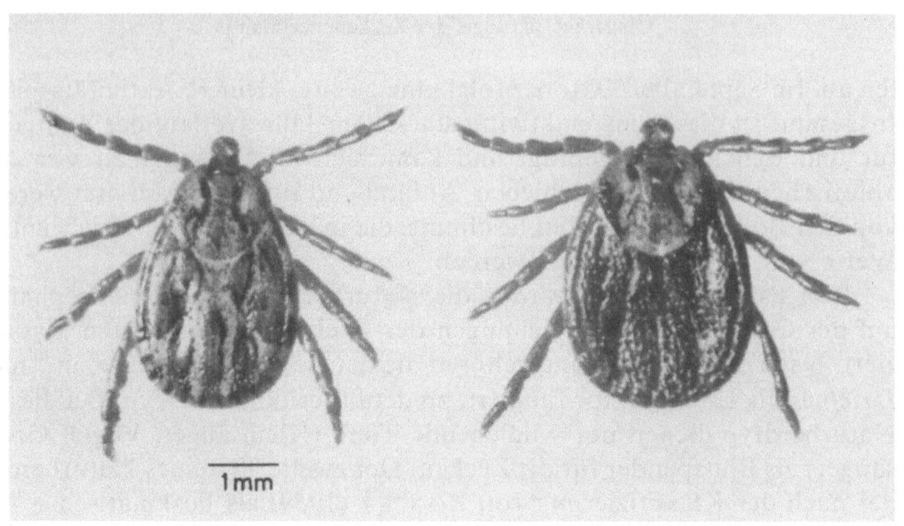

Abb. 3. *Dermacentor marginatus* (li. Männchen, re. Weibchen), beide von dorsal, silbrig-weiße Emaillierung auf dem Rückenschild. Photo: LIEBISCH

Abb. 4. Charakteristischer Lebensraum von *D. marginatus*, Trockenrasengesellschaften an den Talhängen der Fränkischen Saale: potentieller Naturherd des pannonischen Typus. Photo: LIEBISCH

durch Klima und Vegetation geeigneten Gebieten kommt die Zecke nicht
überall vor oder in so kleiner Abundanz, daß sie sich mit den angewende-
ten Methoden der Erfassung entzieht. Den Grund hierfür sehen wir
im Fehlen geeigneter Wirtstiere für die adulten Zecken, die nur an großen
Säugern parasitieren. In Süddeutschland sind diese großen Säuger die
Schafe der süddeutschen Wanderschäfereien, die turnusmäßig zur Haupt-
aktivitätzeit der Zecken die gleichen durch Pachtvertrag gesicherten
Weiden aufsuchen. Überall dort, wo Schafe weiden, kommt auch *D.
marginatus* in hoher Populationsdichte vor.

Nach ihrer Vegetation würden Naturherde in diesem Verbreitungsgebiet von *D. marginatus* zum pannonischen Typus zu rechnen sein, hinsichtlich der Wirte zum boskmatischen Typ, wobei die Wirtstierart das
Schaf ist (Tabelle 1). Gänzlich andere ökologische Verhältnisse finden
sich im Verbreitungsgebiet von *H. punctata* (Abb. 5 u. 6) in Norddeutschland. *H. punctata* ist eine Freilandzecke, die nur auf strauch- und baum-
losen Weideflächen vorkommt (Liebisch u.a., 1976b u. c). Wir stellten
die Zeckenart auf den Nordfriesischen Inseln (Amrum) und auf den
Ostfriesischen Inseln (Norderney und Jüst) fest. Auf küstennahen Rinder-
und Schafweiden fanden wir die Zecke an den Tieren und an der Vegetation. Auf diesen Weiden gedeihen Gräser (*Agrostis species, Restuca ru-
bra*), die Meeresstrandbinse (*Juncus maritimus*) und der Strandhafer (*Am-
mophila arenaria*). Die Adulti von *H. punctata* befallen die Rinder, sobald
im Frühjahr der Weideaustrieb erfolgt ist. In den Sommermonaten tritt
eine Aktivitätspause ein. Die Zecke findet sich dann wieder im September
bis in den November. Die Larven und Nymphen von *H. punctata* finden
sich vorzugsweise an Vögeln und kleinen Säugern. Der Vogelreichtum
und die zahlreichen Bodenbrüter an den küstennahen Landstrichen der
deutschen Nordseeinseln sind sicher ein wesentlicher Faktor für die Erhal-
tung und Verbreitung dieser Zeckenarten.

Tabelle 1. Charakterisierung verschiedener Zeckenbiotope (Naturherde) in der Bundesrepublik Deutschland

Zeckenarten	Vegetation	Wirtstiere
Ixodes ricinus u.a. *Ixodes* spec. *Haemaphysalis concinna* *Dermacentor reticulatus*	Mischwaldgebiete hercynischer Typus	wildlebende Säuger und Vögel theriodischer Typus
Dermacentor marginatus	Trockenrasengesellschaften pannonischer Typus	weidende Schafe boskmatischer Typus
Haemaphysalis punctata	nordeuropäische Strandhafer- Dünengesellschaften atlantischer Typus	weidende Rinder (Schafe) boskmatischer Typus

 A. Liebisch

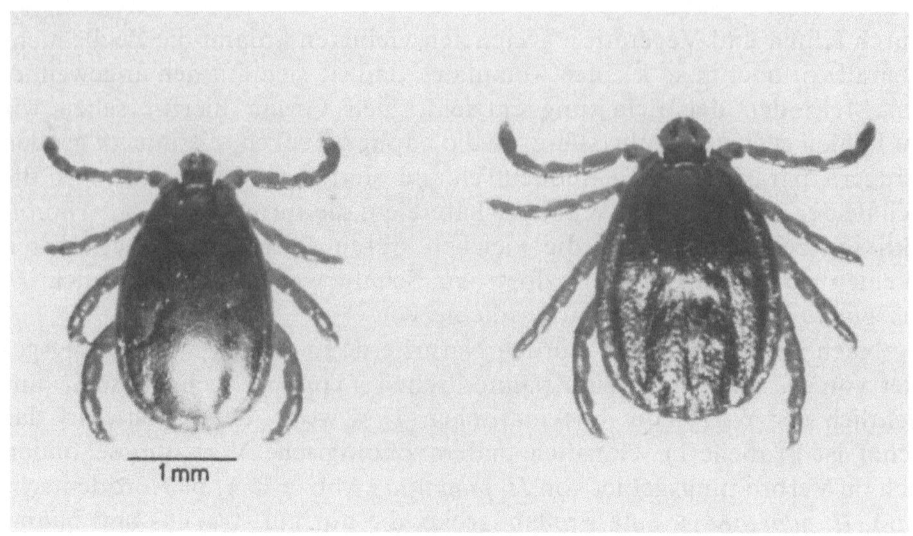

Abb. 5. *Haemaphysalis punctata* (li. Männchen, re. Weibchen), beide von dorsal. Photo: LIEBISCH

Abb. 6. Charakteristischer Lebensraum von *H. punctata*, baum- und strauchlose Weidefläche am Watt auf der Insel Amrum (Nordfriesland): potentieller Naturherd des atlantischen Typus. Photo: LIEBISCH

Die Vegetation charakterisiert die Naturherde im Verbreitungsgebiet von *H. punctata* als zum atlantischen Typus (RADDA, 1973) gehörig. Die Wirtstiere für Nymphen und Adulti lassen uns diese Gebiete zu dem boskmatischen Typus rechnen.

Für die Verhältnisse in Deutschland ergeben sich aus den Beziehungen Vektor-Umwelt-Wirt drei verschiedene Typen von Lebensräumen, in denen Naturherde der FSME bestehen können (Tabelle 1). Jede dieser Biozönosen wird durch differenzierte abiotische Faktoren, eine andere Vegetation, bestimmte Zeckenarten als Vektoren sowie unterschiedliche Wirte als Blutspender für die Zecken charakterisiert. Weitere gezielte ökologische, parasitologische und virologische Untersuchungen sind in der Bundesrepublik Deutschland nötig, um die in den verschiedenen Lebensräumen liegenden Naturherde der FSME zu erkennen.

Literatur

BOCH, J., SUPPERER, R.: Veterinärmedizinische Parasitologie. S. 45. Berlin und Hamburg: Paul Parey 1971

ČERNÝ, V.: The tick fauna of Czechoslovakia. Folia Parasitologica (Praha) **19**, 87−92 (1972)

ENIGK, K., FRIEDHOFF, K., WIRAHADIREDJA, S.: Die Piroplasmosen der Wiederkäuer in Deutschland. Dtsch. tierärztl. Wschr. **70**, 422−426 (1963)

KOŽUCH, O., NOSEK, J., LICHARD, M.: Überleben des Zeckenencephalitisvirus in der Zecke *Ixodes ricinus* und die Übertragung dieses Virus auf den Igel (*Erinaceus roumanicus*). Zbl. Bakt. I. Abt. Orig. **119**, 152 (1966)

LIEBISCH, A., MELFSEN, J., RAHMAN, M.S.: Zum Vorkommen der Zecke *Haemaphysalis punctata* (Can. et Fanz, 1877) und von *Babesia major* beim Rind in Norddeutschland. Berliner Münchener tierärztl. Wschr. **89**, 477−480 (1976a)

LIEBISCH, A., RAHMAN, M.S.: Zum Vorkommen und zur Ökologie einiger human- und veterinärmedizinisch wichtiger Zeckenarten (Ixodidae) in Deutschland. Zschr. angew. Entomologie **82**, 29−37 (1976b)

LIEBISCH, A., RAHMAN, M.S.: Zum Vorkommen und zur vektoriellen Bedeutung der Zecken *Dermacentor marginatus* (Sulzer, 1776) und *Dermacentor reticulatus* (Fabricius, 1794) in Deutschland. Tropenmed. Parasit. **27**, 393−403 (1976c)

NOSEK, J., KOŽUCH, O., RADDA, A.: Untersuchungen über die Ökologie des Virus der Zentraleuropäischen Enzephalitis in Nordmähren. Zbl. Bakt. I. Orig. **208**, 81 (1968)

RADDA, A.: Die Zeckenenzephalitis in Europa − Geographische Verbreitung und Ökologie des Virus. Zschr. angew. Zool. **60**, 409–461 (1973)

RADDA, A., HOFMANN, H., PRETZMANN, G.: Threshold of Viraemia in *Apodemus flavicollis* for infection of *Ixodes ricinus* with Tick-borne Encephalitis Virus. Acta virol. **13**, 74−77 (1969)

ŘEHÁČEK, J.: Experimental hibernation of the tick-borne encephalitis virus in engorged larvae of the tick *Ixodes ricinus*. J. Acta virol. **4**, 106 (1960)

ROSICKÝ, B.: Notes on the classification of natural foci of tick-borne encephalitis in Central and South-East Europe. Journ. Hyg. Epidemiol. Microbiol. Immunol. **3**, 431−443 (1959)

ROSICKÝ, B.: Natural disease foci and research in South-Eastern Slovakia. The Rockefeller Found, Office of Publ. Jan., 1−10, New York 1960

SIXL, W., NOSEK, J.: Zur medizinischen Bedeutung der Zecken Österreichs. − Mitt. Abt. Zool. Landesmus. Joanneum (Graz) Jg. **1**, H. 2, 29−50 (1972)

Geoökologische und medizinisch-kartographische Aspekte des Vorkommens der Frühsommer-Meningoencephalitis im süddeutschen Raum

von

H.J. Jusatz

1. Die Fundortkarte

Wenn die Frühsommer-Meningoencephalitis (FSME) von allen Arbovirosen für eine geomedizinische Betrachtung ausgewählt wurde, so ergibt sich hierfür eine Berechtigung aus der Tatsache, daß diese Infektion offenbar nicht gleichmäßig über das ganze Gebiet der Bundesrepublik Deutschland verteilt auftritt, sondern Prädilektionsareale als ausgesprochene Schadgebiete bevorzugt, dazwischen aber große Räume völlig frei läßt, so daß dieses Erscheinungsbild geradezu eine geomedizinische Untersuchung herausfordert.

Hierfür soll zunächst eine medizinisch-kartographische Analyse zur Aufklärung der geoökologischen Zusammenhänge zwischen örtlichem Vorkommen und Fehlen von FSME-Infektionen im süddeutschen Raum mit Hilfe der Karte zusammengestellt werden, wobei ganz im Sinne der modernen serologischen Epidemiologie nur die wirklich serologisch einwandfrei geklärten Erkrankungsfälle bzw. gesunde Träger mit hohen Antikörpertitern gegen das FSME-Virus in eine Karte eingetragen werden sollen. Das klinische Erscheinungsbild der FSME ist nicht in jedem einzelnen Erkrankungsfall so fest umrissen, daß auch klinische Fälle ohne serologische Bestätigung eingetragen werden können. Durch die serologische Diagnostik wird in Übereinstimmung mit den anamnestischen Angaben der infizierten Personen ein hoher Grad von Sicherheit erworben, einzelne Befallsgebiete der FSME von freien Arealen abzugrenzen und hervorzuheben.

Durch diese Methode der serologischen Epidemiologie werden auch abortiv verlaufene Fälle sowie klinisch bland ablaufende Infektionen mit dem FSME-Virus erfaßt. Für die Kartierung der Fälle in einer *Fundortkarte* ist ferner ausschlaggebend:

1. Jeder *Ort einer Infektion* in der Bundesrepublik ist aufgrund der anamnestischen Aussage des serologisch positiven Patienten mit Angabe des Ortes, an dem Zeckenstiche erfolgt sind, in der Karte durch einen Punkt markiert. Damit sind alle im Ausland erworbenen Erkrankungsfälle von der Kartierung ausgeschlossen.

2. Die *Wiederholung durch neue Fälle am gleichen Ort* ist zu kennzeichnen, wobei bei einer großräumigen Betrachtung in dem Kartenmaßstab von 1:2,5 Millionen ein Übergang von der Punktmethode zu einer flächigen Eintragung durch Schraffierung des entsprechenden Befallsgebietes mit 5 und mehr Fällen in der Berichtszeit erlaubt sein darf.

3. Die Beschränkung der eingetragenen serologisch positiven Befunde ist auf eine *bestimmte Beobachtungszeit* von mindestens 5 Jahren zu beziehen. Für die beigeheftete Karte von Süddeutschland wurde ein Zeitraum von 8 Jahren gewählt.[1] Ältere Angaben sind durch besondere Signaturen gekennzeichnet.

Durch Eintragungen mit verschiedenen Symbolen lassen sich in der Karte die unterschiedlichen Befunde wie folgt kennzeichnen:

Der volle Kreis = 1 Fall serologisch bestätigt,

der leere Kreis = 1 Fall klinisch und serologisch vor 1969 beschrieben von SCHALTENBRAND und MÜLLER,

das Dreieck = ein oder mehrere klinisch im betr. Krankenhaus behandelte, serologisch bestätigte Fälle, Infektionsort der Patienten zweifelhaft oder unbekannt,

der Kreis mit Punkt = Infektionsort in der Schweiz.

2. Die Verbreitungsgebiete

Als ein *erstes* Ergebnis einer derartigen medizinisch-kartographischen Analyse auf einer Fundortkarte lassen sich schon sehr deutlich ausgesprochene *endemische Areale oder Dauerherdgebiete* von weiten Räumen mit nur sporadischen Fällen, den sog. *„indifferenten Verbreitungsgebieten"* (nach E. MARTINI) unterscheiden. Hier erhebt sich der kritische Einwand, daß etwa diese durchweg auffälligen Unterschiede auf Vorhandensein oder Fehlen entsprechend tätiger Virologen zurückzuführen wären. Dieser Einwand läßt sich durch die Tatsache entkräften, daß in Gebieten, wie z.B. Münster und Göttingen, sehr gut arbeitende Virus-Institute mit großen Einzugsgebieten vorhanden sind, deren Virologen die gleiche Ausbildung haben wie die Freiburger und Stuttgarter Virologen, jedoch von ihnen keine entsprechenden positiven Befunde angegeben wurden.

---

[1] Von den 161 Fällen, die durch die sorgfältigen Erhebungen von Frau Barbara Lindemann unter Leitung von Herrn Dozent Dr. H. Schmitz in ihrer Dissertation zusammengestellt wurden, konnten 152 Fälle in die folgende Untersuchung einbezogen werden. Wir danken Frau Lindemann auch an dieser Stelle für ihr Entgegenkommen.

Als auffällige *Befallsgebiete* oder *„Dauerschadgebiete"* (nach E. MAR-TINI) sind in der Karte Eintragungen von Fundorten längs der großen Ströme vom mittleren Rhein mit Neckar, vom Main, von der Donau mit ihren Nebenflüssen, dem Inn mit Salzach und am Bodensee, in der Schweiz an der Aare zu erkennen.

Als *zweite* Feststellung sei der Hinweis auf die weißen Flecken ange-führt, die sich unmittelbar neben den Hauptbefallsgebieten als *Freiräume* oder *„Fehlgebiete"* (nach E. MARTINI) auf der Karte befinden, obwohl für den diagnostischen Nachweis einer FSME-Infektion für diese Areale die gleichen Virus-Institute wie für die Schadgebiete zur Verfügung ste-hen.

Diese *freien Areale* oder *„Fehlgebiete"* befinden sich zwischen und in der Nähe der beschriebenen Befallsgebiete, wie z.B. Großstadtagglome-rationen im Rhein-Ruhr-Raum, große zusammenhängende Waldgebiete im Hochschwarzwald, Rebenmonokulturen am Mittelrhein sowie land-wirtschaftlich intensiv genutzte Gebiete, wie z.B. das Hohenloher Land.

Zur Aufklärung dieser fleckenförmigen Verbreitung des FSME-Virus im süddeutschen Raum der Bundesrepublik können zwei Hinweise heran-gezogen werden, denen nachgegangen werden muß:

1. Gewisse Analogien im landschaftlich ähnlichen Verhalten wurden bereits früher bei einer ebenfalls durch Zecken übertragenen bakteriellen Anthropozoonose, der Tularämie, nachgewiesen (JUSATZ).

2. Die Feststellungen aus den östlich angrenzenden befallenen Län-dern Österreich (KUNZ, RADDA, SIXL), Tschechoslowakei (ROSICKÝ) und Jugoslawien (VESENJAK-HIRJAN), ergaben bestimmte landschaftsökologi-sche Charakteristika für die Befallsgebiete in diesen Ländern.

Beide Hinweise zeichnen sich dadurch aus, daß sie mit dem Auftreten der FSME in Mitteleuropa die fleckenförmige Herdbildung von Erkran-kungsfällen in der Bundesrepublik gemeinsam haben. Es müssen also den örtlich sehr beschränkt vorkommenden Infektionsgelegenheiten auch in der Bundesrepublik Gebiete gleicher oder ähnlicher landschaftlicher Eigentümlichkeiten entsprechen, wie sie aus den genannten Nachbarlän-dern beschrieben wurden.

Diese Tatsache läßt die zweite Frage nach den negativen und positiven Korrelationen im geoökologischen oder landschaftsökologischen Sinne für das Vorkommen der FSME im Süden und Südwesten der Bundesrepu-blik aufwerfen.

Für die örtlich beschränkten Vorkommen der Tularämie habe ich durch frühere Untersuchungen auf die Bedeutung der natürlichen Vegeta-tion und der entsprechenden Pflanzengesellschaft aufmerksam gemacht, deren Kartierung nach der Karte von HUECK aus dem „Atlas des deutschen Lebensraumes" entnommen wurde.

Es war damals die Suche nach *positiven Korrelationen,* die durch

Wiedergabe einfacher Tatbestände, wie etwa des Nachweises von Trokkengebieten oder klimatisch bevorzugten Arealen, in einer Karte erkennbar gemacht werden sollten. Es wurden zunächst die jährlichen Regenmengen als Indikatoren zur Kennzeichnung von relativen Trockengebieten sowie die Einzeichnung bestimmter Temperaturlinien herangezogen. Für die Tularämie als eine durch Zecken übertragbare Nagerseuche erwiesen sich in Mitteleuropa diejenigen Gebiete der natürlichen Vegetation, die nach HUECK den ursprünglichen Steppencharakter einer Landschaft am klarsten zum Ausdruck bringen, für besonders geeignet zur Aufstellung einer Prognose über die weitere Verbreitung in Mittel- und Westeuropa. Es sind Gebiete mit Resten von Steppenheidewald, xerophilen Eichen-Hainbuchenwäldern und Resten von Steppenheiderasen mit *Stipa capillata* als Leitpflanze.

Diese landschaftsökologischen Charakteristika kommen auch bei den folgenden Beschreibungen der FSME-Areale in Österreich (RADDA) und in der Slowakei (KRIPPEL und NOSEK) vor. Es soll daher im folgenden der Versuch gemacht werden, die bisher beobachteten Fälle von FSME im süddeutschen Raum auf die Möglichkeit des Nachweises landschaftsökologischer Besonderheiten zu analysieren.

3. Die Verbreitungsgebiete der FSME im süddeutschen Raum nach naturräumlicher Gliederung

Für einen ersten Versuch der landschaftsökologischen Analyse des FSME-Vorkommens im süddeutschen Raum, in dem in der vergangenen Berichtszeit von 1969 bis 1976 zusammen 192 serologisch diagnostizierte Einzelfälle von FSME-Infektionen ermittelt wurden[2], ist die naturräumliche Gliederung Süddeutschlands nach E. MEYNEN zugrunde gelegt worden.

Von den im beigehefteten Kartenausschnitt befindlichen Naturräumen Süddeutschlands konnten für die Berichtszeit in 49 Naturräumen insgesamt 190 autochthone FSME-Infektionen serodiagnostisch erfaßt werden, davon sind in 24 Naturräumen in mehreren Jahren wiederholt Fälle aufgetreten, einige bereits vor Beginn der Berichtszeit. Durch ent-

---

[2] Für die freundliche Überlassung der serologischen Befundergebnisse der diagnostizierten Fälle in der Berichtszeit wird hierdurch gedankt: Frau Prof. Dr. ENDERS (Stuttgart), Frau Dr. EPP (München), Herrn Dr. H. GÄRTNER (Weingarten), Herrn Chefarzt Dr. E. HOLZER (München-Schwabing), Herrn Prof. Dr. U. KRECH (St. Gallen), Herrn Prof. Dr. CH. KUNZ (Wien), Frau Dr. B. LINDEMANN (Freiburg-Sexau), Herrn Doz. Dr. A. RADDA (Wien), Frau Dr. B. REHSE-KÜPPER (Köln), Frau Dr. J. REINHARD (Hannover), Herrn Prof. Dr. W. SCHALTENBRAND (Würzburg), Herrn Doz. Dr. H. SCHMITZ (Freiburg). Es konnten nicht alle Institute und Kliniken angeschrieben werden, so daß sich möglicherweise die Anzahl der Nachweise für die Berichtszeit noch vermehren läßt.

sprechende Schraffierung in der Karte wurden 13 Naturräume hervorgehoben, in denen im Laufe der Berichtszeit 5 und mehr Fälle diagnostiziert wurden.

Einige Infektionsorte von serologisch positiv reagierenden Patienten, die in verschiedenen Krankenhäusern behandelt worden waren, konnten nicht mehr ermittelt werden. Es ist jedoch anzunehmen, daß die Infektion im Einzugsgebiet des betreffenden zentral gelegenen Krankenhauses erfolgt ist.

Von den 190 Personen, die sich in der Berichtszeit in Süddeutschland infiziert hatten, konnten 72 als Ursache ihrer Erkrankung einen Zeckenstich oder Berührung mit Zecken angeben, d.h. 37,9%.

Die Verteilung der Fundorte hält sich im allgemeinen an die Begrenzung der einzelnen Naturräume und läßt erkennen, daß bestimmte Geofaktoren, die für die Charakterisierung des jeweiligen Naturraumes ausschlaggebend sind, auch für die Ausbildung eines *„Massenwechselgebietes"* (nach E. MARTINI) oder eines Dauerschadgebietes für die Virus tragenden Zecken bzw. die für ihren Lebenszyklus wichtigen Kleinsäuger von Bedeutung sind.

Nach den bisherigen Untersuchungen sind für den mitteleuropäischen Raum von Kleinsäugern an erster Stelle die Gelbhalsmaus (*Apodemus flavicollis*) und die Rötelmaus (*Clethrionomys glareolus*) als Virusträger anzusehen, deren Lebensoptima sich in den befallenen Naturräumen befinden.

Das Virus der FSME durchläuft mit Hilfe des Vektors, der Zecke, einen Zyklus, an dem sehr viele Komponenten beteiligt sind, die alle im jeweils begünstigenden Sinne z.B. durch zunehmende Populationsdichte der Zecken oder der Kleinsäuger als Virus-Reservoire zusammenwirken müssen, um ein „Massenwechselgebiet" oder ein Dauerherdgebiet entstehen zu lassen.

Der erstgenannten Erscheinung liegt immer eine *Gradation* zugrunde, d.h. eine Änderung in der Häufigkeit derjenigen Komponenten oder Faktoren, die letzten Endes für das Auftreten von Erkrankungsfällen beim Menschen in dem betreffenden Areal entscheidend sein können, also die Anzahl der Vektoren, der tierischen Reservoire oder der Zwischenträger, wenn eine Änderung der Verhaltensweise des Menschen in den Befallsgebieten ausgeschlossen werden kann.

Durch vermehrtes Brachfallen bisher landwirtschaftlicher Nutzflächen (K.F. SCHREIBER), durch Vordringen der Schlehen und anderer Heckenpflanzen in diese Areale und durch das Aufsuchen dieser Gebiete zu Erholungszwecken hat sich der Mensch stärker den Gefahren ausgesetzt, von Zecken aufgesucht zu werden.

Die beigeheftete Karte zeigt die hierin gekennzeichneten Schadgebiete Süddeutschlands als unmittelbare Fortsetzung der österreichischen Infektionsareale, die nach Angaben von A. RADDA eingezeichnet wurden. Die in Süddeutschland beobachteten Fälle folgen auch zeitlich den österreichischen Fällen nach. Im Südwesten der Karte erscheinen die in der Schweiz von U. KRECH uns angegebenen 61 FSME-Fälle als eine unmittelbare Fortsetzung der im Südwesten des Landes Baden-Württemberg bisher befindlichen FSME-Befallsgebiete.

Von dieser Basis ausgehend lassen sich für eine Reihe von befallenen Naturräumen gemeinsame Angaben über die potentielle natürliche Vegetation dieser Räume finden, die mit den bereits von RADDA für Österreich und von KRIPPEL und NOSEK für die Zeckenverbreitungsgebiete in der Slowakei angegebenen Merkmale für Naturherdgebiete der FSME übereinstimmen.

Von den in der Karte aufgezeichneten Naturräumen Süddeutschlands gehören 49 Naturräume zu den ausgedehnten Arealen der potentiellen natürlichen Vegetation mit wärmeliebenden Eichen-Hainbuchenwäldern. Außerdem sind einige positive Streufälle außerhalb dieser Gebiete, denen eine erhöhte Gefährdung zugesprochen werden kann, eingetragen. Die Lokalisationen der eingezeichneten Schadgebiete zeigen eine gute Übereinstimmung mit den Beobachtungen von ACKERMANN u. Mitarb., HOLZER, LINDEMANN, REHSE-KÜPPER u.a.

Andererseits zeigt die Karte auch *negative Korrelationen* an, indem sich die sog. *„Fehlgebiete"* weitgehend mit den Gebieten decken, in denen zusammenhängende Tannenwälder als ursprüngliche natürliche Vegetation eingetragen sind, wie z.B. im Gebiete des Hochschwarzwaldes.

Die Konkordanz dieser Gebiete in Süddeutschland mit den von KRIPPEL und NOSEK anschließend beschriebenen Waldgesellschaften der Westkarpaten (S. 48) als Prädilektionsgebiete der Zecke *Ixodes ricinus* ist so weitgehend, daß hierin mehr als nur eine Koinzidenz gesehen werden kann.

Die naturräumliche Gliederung von Baden-Württemberg (MÜLLER, OBERDORFER und PHILIPPI) läßt sich durch diejenigen Kennzeichen für die potentielle natürliche Vegetation noch genauer hinsichtlich einer Gefährdung des Menschen durch virustragende Zecken kennzeichnen, wie in einer weiteren Mitteilung (H.J. JUSATZ und H. WELLMER) dargestellt wird.

4. Der zeitliche Aspekt

Für eine geomedizinische Beschreibung dieser Phänomene ist nicht nur die Funktion des belebten Raumes allein zu analysieren, sondern auch *der zeitliche Aspekt* heranzuziehen, indem der *Nachweis der Konstanz der Erscheinungen* für die erkannten Befallsgebiete geführt werden muß.

Hierdurch wird sichergestellt, ob ein Befallsgebiet tatsächlich als ein enzootisch-endemisches Dauerschadgebiet angesehen werden kann. Bei Vorliegen einer entsprechenden Konkordanz mit anderen bekannten Schadgebieten ist dann auch ein Naturherd im Sinne der Naturherdlehre von Pavlowski anzuerkennen.

Die Kenntnis über ein gesichertes Vorkommen der FSME im süddeutschen Raum reicht jedoch erst über einen relativ kurzen Zeitraum von nur 17 Jahren zurück, wobei die zuerst veröffentlichten Beobachtungen von G. Schaltenbrand 1962 aus dem Würzburger Raum, von W. Scheid, R. Ackermann u.Mitarb., sowie von E. Holzer aus dem Jahre 1964, von Stille und Bauke sowie von Ackermann u.Mitarb. aus dem Jahre 1965 und von Klemm u.Mitarb. 1967 aus der Umgebung von Freiburg durchaus im Sinne einer Konstanz der Infektionsareale herangezogen werden können.

Von dem Vorkommen der Tularämie in Mitteleuropa ist bekanntgeworden, daß die zeitlichen Intervalle zwischen gehäuftem Auftreten von Tularämiefällen in bekannten Infektionsgebieten bis zu 11 Jahren betragen und sogar längere Zeiträume umfassen können.

In der beigegebenen Karte sind die von Müller und Schaltenbrand in den sechziger Jahren serologisch gesicherten und klinisch diagnostizierten Erkrankungsfälle durch ein besonderes Symbol (offener Kreis) aufgenommen worden. Dadurch soll bei erneutem Auftreten von sporadischen oder endemisch gehäuften Fällen von FSME im Gebiet des mittleren Main auf eine Gefährdung dieses Raumes aufmerksam gemacht werden.[3]

Unter Beachtung der geomedizinischen Regel von der örtlichen Konstanz über einen längeren Zeitraum sollte *das praktische Ziel* einer geomedizinischen Seuchenanalyse in einer *Prognose für die gefährdeten* Gebiete gesehen werden, damit Befallsgebiete zum Schutz der darin tätigen Bevölkerung sowie Erholungsgebiete als gefährdet bezeichnet werden können, wie es in Steiermark bereits durchgeführt wurde.

Literatur

Ackermann, R., Rehse-Küpper, B., Löser, R., Scheid, W.: Neutralisierende Serumantikörper gegen das Virus der Zentraleuropäischen Enzephalitis bei der ländlichen Bevölkerung der Bundesrepublik Deutschland. Dtsch. med. Wschr. **93**, 1747−1754 (1968)

Bader, R.-E., Hengel, R.: Recherches Épidémiologiques sur l'Épidemie d'Encéphalite Survenue dans le Palatinat de 1947 à 1949. Annales de l'Institut Pasteur **78**, 481 (1950)

Duniewicz, M.: Klinisches Bild der Zentraleuropäischen Zeckenenzephalitis. Münch. med. Wschr. **118**, 1609−1612 (1976)

---

[3] Die von Bader und Hengel beschriebene Epidemie in der Umgebung von Speyer wurde wegen der noch ungeklärten Ätiologie nicht herangezogen. (Über die Epidemiologie der Enzephalitiswelle in der Pfalz 1947/49. Dtsch. med. Wschr. S. 1683−1685 (1950).)

HALLEN, O.: Die Zeckenenzephalitis. Med. Welt **28**, 525–526 (1977)

HARASEK, G.: Zeckenenzephalitis im Kindesalter. Dtsch. med. Wschr. **99**, 1965–1970 (1974)

HOLZER, E.: Zum Vordringen der Zentraleuropäischen Enzephalitis in Südbayern. Münch. med. Wschr. **118**, 1613 (1976)

HOFMANN, H.: Zur Infektion mit Frühsommer-Meningoenzephalitis-(FSME)Virus durch Zecken. Wien. klin. Wschr. **82**, 180–181 (1970)

JUSATZ, H.J.: Das Tularämie-Vorkommen in Mainfranken 1949–1953, eine geomedizinische Analyse. Arch. Hyg. **139**, 189–199 (1955)

JUSATZ, H.J.: Die Bedeutung der landschaftsökologischen Analyse für die geographisch-medizinische Forschung. Erdkunde **XII**, 294–289 (1958)

JUSATZ, H.J.: Dritter Bericht über das Vordringen der Tularämie nach Mittel- und Westeuropa über den Zeitraum von 1950–1960. Z. Hyg. **148**, 69–93 (1961)

JUSATZ, H.J.: Tularämie in Mitteleuropa 1933–1953. In: Welt-Seuchen-Atlas – World Atlas of Epidemic Diseases (Hrsg. E. Rodenwaldt und H.J. Jusatz). Bd. **I–III**, S. II/37. Hamburg: Falk 1952–1961

JUSATZ, H.J., WELLMER, H.: Zecken-Encephalitis (FSME) in Baden-Württemberg. (Bad. Württ. Ärzteblatt z.Z. im Druck)

KLEMM, D., BERTHOLD, H., MÜLLER, J.: Endemisches Vorkommen der Frühsommer-Meningoenzephalitis in Südbaden. Dtsch. med. Wschr. **92**, 756–759 (1967)

KUNZ, CHR.: Die Frühsommer-Meningoenzephalitis. Pädiat. prax. **14**, 189–192 (1974)

MARTINI, E.: Wege der Seuchen. 3. Aufl. Stuttgart: Enke 1955

MÜLLER, T., OBERDORFER, E., PHILIPPI, G.: Die potentielle natürliche Vegetation von Baden-Württemberg. Beihefte zu den Veröff. der Landesst. f. Naturschutz und Landschaftspflege Nr. 6. Baden-Württemberg, Ludwigsburg 1974

PAVLOVSKI, E.N.: Natural Foci of Human Infections, S. 3. Translated from Russian. Israel Programm for Scientific Translations Ltd., Jerusalem 1963

RADDA, A.: Geoökologische Gesichtspunkte beim Vorkommen der Frühsommer-Meningoencephalitis. In: Fortschritte der geomedizinischen Forschung, Beiträge zur Geoökologie der Infektionskrankheiten. JUSATZ, H.J. (Hrsg.). S. 62–75. Erdkundl. Wissen H. 35, Wiesbaden 1974

RADDA, A.: Die Zeckenenzephalitis in Europa. Zschr. f. Angewandte Zoologie **4**, 409 (1973)

REHSE-KÜPPER, B., DANIELOVÁ, V., KLENK, W., ABAR, B., ACKERMANN, R.: Epidemiologie der Zentraleuropäischen Enzephalitis von 1965–1975. Münch. med. Wschr. **118**, 1615–1616 (1976)

REINHARDT, F.: Zur Prophylaxe der Frühsommer-Meningoenzephalitis (FSME). Wien klin. Wschr. **88**, 253–257 (1976)

RIEDL, H., SIXL, W., NOSEK, J.: Studien zur Synökologie des Frühsommer-Meningo-Enzephalitis(FSME)-Virus in Österreich. Z. ges. Hyg. **19**, 733–737 (1973)

ROSICKÝ, B.: Die parasitologische Forschung als Bestandteil der Untersuchung von Naturherden der Encephalitiden in Mitteleuropa. In: Zeckenencephalitis in Europa. Libikova, H. (Hrsg.). S. 73–78. Abhandlungen der Deutschen Akademie der Wissensch. Berlin. Berlin: Akademie-Verlag 1961

ROSICKÝ, B.: Some Basic Features of Natural Focality of Diseases in Central and South-Eastern Europe. Ceskoslovenska parasitologie **XI**, 15–32 (1964)

SCHALTENBRAND, G.: Klinik und neuropathologische Befunde. In: Arboviruserkrankungen des Nervensystems in Europa. S. 147–217. Müller, W.K., Schaltenbrand, G. (Hrsg.) Stuttgart: Thieme 1975

SCHEID, W., ACKERMANN, R., BLOEDHORN, H., LÖSER, R., LIEDTKE, G., SKERTIC, N.: Untersuchungen über das Vorkommen der Zentraleuropäischen Enzephalitis in Süddeutschland. Dtsch. med. Wschr. **89**, 2313 (1964)

Schmitz, H.: Meningo-Encephalitiden durch Zeckenbiß in der Bundesrepublik Deutschland. Die gelben Hefte (Immunbiologische Informationen der Behringwerke) **13**, 68 (1973)
Schreiber, K.F.: Zur Sukzession und Flächenfreihaltung auf Brachland in Baden-Württemberg. In: Verhandlungen der Gesellschaft für Ökologie; Göttingen. S. 251—263 (1976)
Sinnecker, H.: Zeckenencephalitis in Deutschland. Zbl. Bakt. I. Orig. **180**, 12—17 (1960)
Sixl, W.: Zur Verbreitung von Ixodes ricinus und die Beziehung zur FSME in der Steiermark. Eine epidemiologische Studie. Mitteilungen der Abt. f. Zoologie am Landesmuseum Joanneum 1, 21 (1975)
Stillé, W., Bauke, J.: Zeckenencephalitis in Westdeutschland. Münch. med. Wschr. **107**, 370 (1965)
Vesenjak-Hirjan, J., et al.: Tick-Borne Encephalitis in Croatia (Yugoslavia). RAD Jugoslavenske Akademije Znanosti i Umjetnosti 372, Zagreb 1976
Wyler, R., Schmidtke, W., Kunz, Ch., Radda, A., Henn, V., Meyer, R.: Zeckenenzephalitis in der Region Schaffhausen, Isolierung des Virus aus Zecken und serologischen Untersuchungen. Schw. Med. Wschr. **103**, 1487 (1973)

Lokalisation der serologisch
von 1969 – 1976 im süddeutschen Raum
nachgewiesenen Infektionen mit FSME-Virus,
zusammengefaßt nach der naturräumlichen Gliederung

von

H.J. Jusatz und H. Wellmer-Schwind

(mit einer Kartenbeilage)

	Naturräumliche Gliederung	Infektionsort	Jahr	An-zahl	Mit Zecken-biß
016	Berchtesgadener Alpen	Schönau	1975	1	–
027	Chiemgauer Alpen	Ruhpolding	1969	1	–
030	Hegäu	Singen, Gottmadingen	1970 – 1974		
			1976	7	3
031	Bodenseebecken	Bankholzen, Immenstaad, Konstanz, Meersburg, Rade- rach, Radolfzell, Ravensbg., Schloß Marbach	1970 1972 1975 1976	10	5
035	Illervorberge	Kempten	1969 1972 1974	3	–
038	Inn-Chiemsee-Hügelland	Degerndorf, Asten	1969 1976	2	–
039	Salzach-Hügelland	Freilassing, Friedolfing	1973 1976	2	1
046	Iller-Lech-Schotterplatten	Scheppach-Jettingen	1972	1	–
051	Münchener Ebene	Zorneding, Harthausen	1975	2	1
054	Unteres Inntal	Burghausen, Simbach, Neu- ötting, Marienberg	1973 1975 1976	4	1
060	Isar-Inn-Hügelland	Reisbach	1974	1	–
061	Unteres Isartal	Dingolfing, Griesbach	1974	2	1

	Naturräumliche Gliederung	Infektionsort	Jahr	An-zahl	Mit Zecken-biß
062	Donau-Isar-Hügelland	Pfaffenhofen, Hohenwert, Dollnstein, Kehlheim	1976	6	2
063	Donaumoos	Ingolstadt, Hög	1975 1976	3	2
064	Dungau	Grattersdorf, Landau, Osterhofen, Regensburg, Schaggenhofen, Winzer	1970 1973 – 1976	10	3
080	Nördl. Frankenalb	Streitberg b. Ebermannstadt		1	–
081	Mittl. Frankenalb	Paulsdorf	1976	1	–
090	Randen (Klettgau u. Randenalb)	Hohentengen, Jestetten, Lostetten	1972 1973	4	4
097	Lonetal-Flächenalb	Giengen, Ulm	1974 1976	2	–
101	Mittl. (Schwäbisches) Albvorland	Göppingen Oberboihingen	1975 1976	2	2
104	Schönbuch u. Glemswald	Gärtringen, Hirrlingen, Sindelfingen, Stetten	1969 1975 1976	4	1
105	Stuttgarter Bucht	Backnang, Bottnang, Büsnau Stuttgart	1976	5	2
112	Vorland d. Nördl. Frankenalb	Ludwag		1	–
117	Itz-Baunach-Hügelland	Bamberg, Ahorn-Wolbach, Schneeberg	1970 1976	4	3
120	Alb-Wutach-Gebiet	Waldshut		1	–
122	Obere Gäue	Böblingen, Eyach, Freuden-stadt, Dettingen, Gäu-felden, Horb, Mühringen, Starzach, Weitlingen	1972 1974 – 1976	10	5
125	Kraichgau	Birkenfeld, Dietlingen, Etzenrot, Ersingen, Eppingen, Eisingen, Ispringen, Langen-steinbach, Nöttingen, Otten-hausen, Niefern, Pforzheim, Sulzfeld	1969 1970 – 1976	18	8
132	Marktheidenfelder Platte	Waldbüttelbrunn		1	–
133	Mittl. Maintal	Margetshöchheim	1972	1	1
137	Steigerwaldvorland	Iphofen	1967	1	–
141	Sandsteinspessart	Erlenbach, Leidersbach	1964 1966	2	1
144	Sandsteinodenwald	Amorbach, Buchen, Limbach	1965 1975	3	–

	Naturräumliche Gliederung	Infektionsort	Jahr	An- zahl	Mit Zecken- biß
150	Schwarzwaldrandplatten	Dobel	1970	1	—
152	Nördl. Talschwarzwald	Oppenau	1976	1	1
153	Mittl. Schwarzwald (Nördl. Teil) (Südl. Teil)	Haslach, Schiltach, Schuttertal, Steinach Freiburg-Jägerhäusle, Wittental	1969 1970 1972 1975 1976	8	6
155	Hochschwarzwald (Nördl. Teil)	Freiburg-Littenweiler, Günterstal, Sternwaldgebiet, Kappel	1969 — 1974 1976	10	6
200	Markgräfler Rheinebene	Breisach, Bremgarten	1972	2	—
201	Markgräfler Hügelland	Kandern		1	—
202	Freiburger Bucht	Freiburg, Frbg.-Landwasser Frbg.-Herdern, St. Georgen	1970 — 1976	16	2
210	Offenburger Rheinebene	Kehl	1974	1	—
211	Lahr-Emmendinger Vorberge	Ettenheim	1973	1	1
212	Ortenau-Bühler Vorberge	Oberkirch	1973	1	1
223	Hardtebene	Durlach, Eggenstein, Ett- lingen, Hochstetten, Karlsruhe, Weingarten, Sulzfeld	1969 1971 1972 1974 1976	14	5
226	Bergstraße	Heidelberg, Zwingenberg	1971 1976	2	1
403	Hinterer Bayr. Wald	Bogen	1976	1	—
407	Lallinger Winkel	Grattersdorf	1975	1	1
408	Passauer Abteiland u. Neuburger Wald	Aichet, Neuburger Wald, Ringelai, Thyrau	1975 1976	5	1
409	Wegscheider Hochfläche	Jochenstein, Obernzell, Scherleinsöd		6	—
411	Mittelvogtländisches Kuppenland	Hof	1965 1974 1975	3	1
	49 Naturräume			190	72

Streufälle außerhalb des süddeutschen Raumes:

348	Marburg-Gießener Lahntal	Gießen	1972	1	1
243	Hunsrückhochfläche	Morbach	1974	1	—
				192	73

Die Frühsommer-Meningoencephalitis in Österreich

von

A.C. Radda

Unter den zahlreichen durch Zecken übertragbaren Mikroorganismen hat sicherlich das zu den Arboviren der Gruppe B — heute auch Flaviviren genannt — gehörige Virus der Frühsommer-Meningoencephalitis (FSME), vom humanmedizinischen Standpunkt betrachtet, in Mitteleuropa die größte Bedeutung. Diese bereits in weiten Teilen Nord-, Ost-, Süd- und Mitteleuropas nachgewiesene Infektionskrankheit repräsentiert in Österreich die wichtigste und häufigste virusbedingte Erkrankung des Zentralnervensystems beim Erwachsenen. Ihre Verbreitungsgebiete liegen in den waldreichen Zonen der Bundesländer Niederösterreich, Oberösterreich, Burgenland, Steiermark und Kärnten. Es werden dort jährlich mehrere hundert Krankheitsfälle registriert (s. Tabelle 1). Dazu kommt auch heute sicherlich noch immer eine erhebliche Dunkelziffer, denn nicht bei jedem Patienten, der mit dieser Krankheit ins Spital kommt, wird Blut zur diagnostischen Untersuchung eingeschickt, vor allem, wenn ein Zeckenbefall nicht bekannt ist.

Tabelle 1. Diagnostizierte FSME-Fälle zwischen 1964 und 1976

Jahr:	1964	1965	1966	1967	1968	1969	1970	1971	1972	1973	1974	1975	1976
Wien	30	43	34	8	22	26	45	38	42	69	29	62	48
Niederösterreich	56	67	63	38	30	36	56	87	82	100	60	91	59
Oberösterreich	9	8	14	7	23	12	27	29	53	75	18	45	30
Burgenland	6	11	15	4	3	10	7	4	16	7	7	18	5
Steiermark[a]	0	0	4	1	0	0	73	26	66	157	103	148	110
Kärnten	0	0	6	2	0	51	112	101	126	229	79	177	86
Salzburg	0	0	0	0	0	0	0	3	2	3	0	4	1
Tirol	0	0	0	0	0	0	0	0	2	2	0	0	7
Total	101	129	136	60	78	135	320	288	389	632	296	545	346

[a] Diese Fälle wurden fast ausschließlich im Hygiene-Institut Graz diagnostiziert

Der Erreger wird durch alle 3 Entwicklungsstadien (Larve, Nymphe, Adulte) von *Ixodes ricinus* — der bei uns bei weitem häufigsten Zeckenart — übertragen und zirkuliert in sogenannten Naturherden zwischen diesem Vektor und verschiedenen Wirbeltieren. Die Pflanzengesellschaften solcher Naturherde werden neben verschiedenen abiotischen und biotischen Faktoren im besonderen Maß durch die menschliche Bewirtschaftung beeinflußt und bedingen ihrerseits wieder die qualitative und quantitative Zusammensetzung der Tiergesellschaften.

Nach großräumig-regionalen Unterschieden der Flora und Fauna teilten NOSEK u.Mitarb. (1968) die Naturherde verschiedenen Typen (hercynisch — karpatisch — pannonisch) zu. Die österreichischen Naturherde des FSME-Virus gehören wahrscheinlich zum überwiegenden Teil dem hercynischen Typus an, welcher in pflanzensoziologischer Hinsicht durch das Überwiegen von Nadelholzelementen gekennzeichnet ist.

Durch das Einbringen von Koniferenarten, welche mit Ausnahme der Tanne vielfach standortfremd waren, wurden viele ursprüngliche Elemente der für diesen Raum charakteristischen Eichen-Hainbuchenwälder s.l. verdrängt. Eine in der Artenzusammensetzung diesen ursprünglichen recht ähnliche Pflanzensozietät stellt das von uns untersuchte Gebiet im Neusiedler Wald bei Jois dar. Es herrschen dort auf Kalk buchenfreie pannonische Eichen-, Hainbuchen- und Lindenwälder vor.

Einen Naturherd, in dem Elemente des karpatischen und hercynischen Typus nebeneinander vertreten sind, beherbergen die Pflanzengesellschaften des Untersuchungsgebietes Strelzhof im südöstlichen Niederösterreich. Auf Trias- bzw. Werfener- und Gosau-Schichten mit Kalksteinbraunlehmen bzw. kolluvialen Braunerden stocken xerophile Eichen- und Eichen-Hainbuchenwälder östlicher Prägung mit Flaumeiche und zahlreichen anderen Elementen wärmeliebender Eichenwälder. Durch Bewirtschaftung wurden standortfremde Elemente, wie Fichte, Lärche und Schwarzföhre, eingebracht. Die Anwesenheit einiger halbruderaler bzw. sehr lichtbedürftiger Florenelemente läßt auf eine ehemalige intensivere Bewirtschaftung dieses Gebietes schließen.

Die anderen Naturherde, in welchen mehrjährige Studien der Ökologie des FSME-Virus durchgeführt wurden, sind eindeutig dem hercynischen Typus zuzuordnen. Recht ähnliche Pflanzengesellschaften beherbergen nämlich auch in Nordmähren Naturherde. Auf quarzitischen Gesteinen (Grauwackenzone) des „Gfieder" in Niederösterreich wuchsen früher sicher bodensaure Eichen-Buchenwälder mit Tanne (*Melampyro-Fagetum*). Die natürliche Dauergesellschaft wurde durch forstliche Bewirtschaftung fast völlig vernichtet. Es herrschen dort jetzt Rotföhre und Fichte vor; nur die Tanne konnte sich noch teilweise halten. An Laubhölzern finden sich hauptsächlich Vorholzarten (Birke, Aspe und Sahlweide) in Jungbeständen und auf Lichtungen. Im Gebiet von

Hernstein bestehen folgende aktuelle Pflanzengesellschaften: Echter Schwarzföhrenwald (*Pinus nigra*) als natürliche Dauergesellschaft auf Dolomit, Schwarzföhrenforste an Stelle xerophiler Eichenmischwälder mit z.T. dichtem Strauchwerk auf bodenfrischem Kalk sowie primelreiche Buchen-Mischwälder mit Verjüngungen. Im „Forstholz" bei St. Florian wurde ebenfalls ein permanenter Naturherd festgestellt. Es stocken dort auf Terrassenschotter standortfremde Fichtendickungen und mehr oder minder lückige, vergraste und verstrauchte Nadelholz-Mischbestände (Lärche, Kiefer, Fichte) mit Stieleiche und Esche. Die Bodenflora zeigt einen substratbedingten frischen Charakter (Farne, Seegras-Segge, Rasenschmiele, Hexenkraut, Flattergras u.a.). Alle diese Untersuchungsgebiete weisen durchschnittliche Jahresniederschlagsmengen von etwa 800 mm und eine Jahresmitteltemperatur von $+8°$ C auf (RADDA, 1974).

In mikroklimatisch günstigen Standorten all dieser Gebiete, wie dicht strukturiertem Aufwuchs (Jungwälder, dichtes Strauchwerk mit guter Deckung) und dichter Bodenvegetation in Lücken und Lichtungen können hohe Populationsdichten von Zecken beobachtet werden. Wegen der hohen ökologischen Potenz von *Ixodes ricinus* wurde trotz so wesentlicher Änderungen der Biozönose durch den Menschen diese Spezies nicht beeinflußt.

Je nach Witterungsbedingungen beginnt mit dem Anfang der Vegetationsperiode auch die Aktivität der Nymphen und Adulten. Larven erscheinen etwa einen Monat später als die eben genannten Stadien. Die Aktivitätsmaxima liegen in Österreich — wieder in Abhängigkeit vom Makroklima — einerseits im Mai/Juni (Frühjahrsmaximum) und andererseits im September/Oktober (Herbstmaximum). In den Hochsommermonaten, der Zeit allgemein hoher Temperaturen und geringer Luftfeuchtigkeit, sinkt die Zeckenaktivität stark ab.

Der gesamte Entwicklungszyklus einer Zeckengeneration beträgt durchschnittlich 3 Jahre. Zeckenweibchen, welche im Frühling saugen, schreiten etwa Anfang Juli zur Eiablage. Aus solchen Gelegen schlüpfen die Larven noch im selben Jahr, finden ihren Wirt aber meist erst in der folgenden Vegetationsperiode. Larven und Nymphen, die im Frühling und Frühsommer saugen, gehen in Metamorphose und schlüpfen als Nymphen bzw. als Adulte noch im selben Jahr. Später saugende Zecken bzw. abgelegte Eier fallen in Diapause, überwintern und schlüpfen als nächstes Entwicklungsstadium vor dem Sommer des folgenden Jahres.

Die von den Zecken bevorzugten Standorte beherbergen im allgemeinen auch große Populationen von Kleinsäugern, besonders Mäuse und Insektivoren. Wir konnten bei unseren Untersuchungen vor allem die Gelbhalsmaus (*Apodemus flavicollis*) und die Rötelmaus (*Clethrionomys glareolus*) als regelmäßige Bewohner dieser Biotope feststellen. Waldmaus (*Apodemus sylvaticus*), Feldmaus (*Microtus arvalis*) und Erdmaus (*Microtus agrestis*) sind weniger häufige, jedoch charakteristische Elemente dieser Gebiete. Daneben sind besonders im Frühjahr die Populationen der Waldspitzmaus (*Sorex araneus*) und Zwergspitzmaus (*Sorex minutus*) in Naturherden vom hercynischen Typus recht zahlreich. Der Maulwurf (*Talpa europaea*) scheint dagegen in den Naturherden vom karpatischen Typ relativ häufiger zu sein.

Die Krankheit läuft zumeist in zwei Phasen ab. Nach einer Inkubationszeit von 3—14 Tagen kommt es als Folge einer Virusvermehrung in den primär affinen Organen zu einer grippeartigen Erkrankung, die völlig uncharakteristisch ist und mit Symptomen, wie Fieber, Kopfschmerzen, Kreuz- und Gliederschmerzen, einhergeht. In diesem Stadium, das zwei bis vier Tage anhält, läßt sich das Virus im Blut nachweisen. Nach dem Abklingen der Symptome kann der Infekt überstanden sein und es damit sein Bewenden haben. Die zweite Phase der Erkrankung setzt meist nach einem fieberfreien Intervall von vier bis acht Tagen plötzlich mit heftigen Kopf- und Rückenschmerzen, Temperaturanstieg bis 40° C und Nackensteifigkeit ein. Bis zum Ausbruch der FSME sind somit seit dem Zeckenstich zwei bis vier Wochen vergangen. Die Erkrankung manifestiert sich in leichten Fällen als Meningitis serosa. In schweren Fällen bietet sich das Bild einer Meningoencephalitis oder einer Meningoencephalomyelitis mit schlaffen Lähmungen, wie bei der Poliomyelitis. Auch Paresen nuklearer Genese wie Augenmuskellähmungen, Facialisparesen und Blasenlähmungen werden beobachtet. Gelegentlich tritt eine Polyradikulitis auf. In solchen Fällen entwickeln sich fünf bis zehn Tage nach dem Abfiebern der zweiten Phase Lähmungen von Muskelgruppen, vorwiegend des Schultergürtels. Nach verschiedenen Berichten liegt der Anteil an paralytischen Verlaufsformen zwischen 4% und 20%, wobei offenbar doch auch regionale Unterschiede bestehen dürften. Hinsichtlich der Schwere des Krankheitsbildes ist eine deutliche Altersabhängigkeit vorhanden. Die Frühsommer-Meningoencephalitis verläuft nämlich bei Kindern und Jugendlichen meist gutartig, während mit zunehmendem Alter, besonders ab dem 60. Lebensjahr, schwere Formen häufiger gesehen werden. Die Sterblichkeit beträgt etwa 2%. Die Rekovaleszenz dauert oft lange. Folgezustände sind Restlähmungen, Kopfschmerzen, Wetterfühligkeit, verminderte Leistungsfähigkeit und depressive Verstimmungen.

Das klinische Bild und auch der Liquorbefund zeigen im Vergleich mit anderen Virusinfekten keinerlei Besonderheiten, so daß man zur Sicherung der Diagnose ganz auf das Viruslaboratorium angewiesen ist. Während der ersten Phase der Erkrankung besteht eine Virämie, die sich durch Übertragung des Patientenblutes auf weiße Babymäuse nachweisen läßt. Ab dem Beginn der zweiten Phase ist die Diagnose nur noch durch den Antikörperbefund zu stellen, der fast immer schon zum Zeitpunkt der Spitaleinweisung positiv ausfällt. Für die serologische Untersuchung genügt heute in der Regel die Einsendung einer einzigen Blutprobe in einer Menge von 5 ml. Durch den Nachweis von sogenannten Frühantikörpern der IgM-Klasse im Hämagglutinations-Hemmungstest kann auf weitere Untersuchungen (Komplementbindungsreaktionen) mit einem Serumpaar verzichtet werden. Da die Exposition für die Infektion eine entscheidende Rolle spielt, sind Menschen, die sich berufsbedingt viel im Wald aufhalten, einem starken Infektionsrisiko ausgesetzt, das etwa dreimal so hoch anzusetzen ist, wie jenes der übrigen Bevölkerung desselben Gebietes. In zunehmendem Maße werden aber auch Ausflügler und Touristen in Endemiegebieten mit dem Frühsommer-Meningoencephalitis-Virus infiziert. Als prophylaktische Maßnahmen sind die Vermeidung von Zeckenexposition in den Endemiegebieten sowie die aktive und passive Immunisierung zu nennen. Zum ersteren zählt das Tragen von Gummistiefeln in Waldgebieten, welche Naturherde beherbergen. Ebenso kann eine sofortige Körperkontrolle nach noch nicht angesaugten Zecken das Infektionsrisiko mindern. Die Anwendung von Repellentien gewährt nach unseren Erfahrungen höchstens einen kurzfristigen Schutz, kann jedoch bei längeren Aufenthalten im Wald einen Zeckenbefall nicht mit Sicherheit verhindern.

Die Serumprophylaxe mit humanem Frühsommer-Meningoencephalitis-Immunglobulin hat sich sowohl als vorbeugende Gabe vor der Zeckenexposition in einer Dosierung von 0,05 ml/kg Körpergewicht als auch nach erfolgtem Zeckenbefall bewährt. Nach der Exposition sollte das Präparat innerhalb von zwei Tagen nach Zeckenstich in einer Dosierung von 0,1 ml pro kg Körpergewicht injiziert werden. Nach diesem Zeitpunkt kommt eine Serumprophylaxe wahrscheinlich bereits zu spät. Die Schutzdauer nach der Gabe von Immunglobulin ist auf etwa sechs Wochen begrenzt.

Durch die Einführung der Schutzimpfung mit der in Zusammenarbeit mit dem Microbiological Research Establishment (MRE), England, entwickelten Gewebekulturvakzine aus formalin-inaktiviertem Virus hat die Serumprophylaxe jedoch an Bedeutung verloren. Seit 1973 wurden insgesamt etwa 150000 Personen aktiv immunisiert. Der Impfstoff stimuliert in ausgezeichneter Weise die Bildung hämagglutinationshemmender Antikörper. Bei verschiedenen Stichproben lagen die Serokonversionsraten nach der ersten Impfung bereits über 70% und erreichten nach der zweiten Dosis einen Wert von zumindest 95%. Auffrischungsimpfungen sind im Abstand von 3 Jahren vorzunehmen.

Zur Erfassung der Verbreitung der FSME in Österreich (siehe Kartenbeilage) wurden verschiedene Methoden angewandt, wie erfolgreiche Virusisolierungsversuche aus Zecken, serologische Untersuchungen an Forstarbeitern sowie am Jagdwild und insbesondere Fragebogenaktionen bei hospitalisierten FSME-Patienten. Diese können oft recht exakt den Ort angeben, an dem mit großer Wahrscheinlichkeit der zur Infektion führende Zeckenbefall erfolgt ist. Aus der Karte ist ersichtlich, daß in Österreich vor allem die tiefer gelegenen Gebiete des Ostens, Nordostens, Südostens und Südens Naturherde des FSME-Virus aufweisen.

Literatur

KUNZ, CH.: Die Frühsommer-Meningoenzephalitis (FSME) in Österreich und ihre Verhütung. Acta Med. Austriaca **4**, 90−92 (1977)

KUNZ, CH., RADDA, A.: Klinisch-epidemiologische Bedeutung der Arboviren in Zentraleuropa. Med. Klin. **71**, 2195−2202 (1976)

NOSEK, J., KOŽUCH, O., RADDA, A.: Untersuchungen über die Ökologie des Virus der Zentraleuropäischen Encephalitis in Nordmähren. Zbl. Bakt. I. Orig. **208**, 81−87 (1968)

RADDA, A.: Die Zeckenenzephalitis in Europa. Ztschr. f. angew. Zool. **60**, 409−461 (1973)

RADDA, A.C.: Geoökologische Gesichtspunkte beim Vorkommen der Frühsommer-Meningoencephalitis. In: Fortschritte der Geomedizinischen Forschung, Band 35 der Reihe „Erdkundliches Wissen". Jusatz, H.J. (Hrsg.), S. 62−75. Wiesbaden: Steiner 1974

RADDA, A.C.: Die Frühsommer-Meningoenzephalitis. Pro Med. **1**, 6−9 (1976)

RADDA, A., KUNZ, CH., HOFMANN, H.: Zur Synökologie des Virus der Frühsommer-Meningoenzephalitis (FSME) in österreichischen Naturherden. Wr. Med. Wschr. **119**, 746−750 (1969)

Das Vorkommen der Zecke *Ixodes ricinus* L.
in verschiedenen Waldgesellschaften der Westkarpaten

von

E. Krippel und J. Nosek

(mit 3 Karten)

1. Vorbemerkungen

An Stelle der ursprünglichen Waldgesellschaften vom Typus wärme-liebender Eichenwälder und Eichen-Hainbuchenwälder sind vor allem durch die menschliche Bewirtschaftung in weiten Teilen Mitteleuropas die Ersatzgesellschaften getreten. Die Ersatzgesellschaften dieser Region sind Waldsteppen, Weiden, Kultursteppen, Robinienwälder und mono-kulture Nadelwälder. Am ehesten haben noch die Pflanzengesellschaften der karpatischen Subregion ihren ursprünglichen Charakter nahezu be-wahrt, wie man sie in den Kleinen Karpaten, im Tribeč-Gebirge und im slowakischen Karst findet.

Die gemeine Zecke *Ixodes ricinus L.*, Hauptvektor des Frühsommer-Meningoencephalitis-Virus (FSME) des westlichen Subtyps, ist allgemein in Europa von der Taiga bis zum Mediterraneum und von den Britischen Inseln bis zum Ural verbreitet. In Mitteleuropa ist diese Art auch die häufigste aller Zeckenarten und ist sowohl in Tiefebenen als auch im Gebirge aufzufinden. In der hohen Tatra kommt sie bis 1800 m ü.M., in den Alpen bis 1500 m und in den slowenischen Alpen bis 2000 m Höhe vor (AESCHLIMANN, 1972; VESENJAK et al., 1965). Im Hochgebirge, wo es keine Weidewirtschaft gibt, ist ihre Populationsdichte sehr niedrig. In Nordeuropa bevorzugt sie die Tiefebenen, dagegen in Südeuropa die Gebirge.

Das Mikroklima der Zecke *Ixodes ricinus* (*I. ricinus*) wurde bei NOSEK (1976) behandelt. Das Aktivitätsmaximum der einzelnen Stadien in Mit-teleuropa korreliert mit dem Verhalten, bzw. mit ihrer normalen Aktivi-tät, die von Temperatur und Feuchtigkeit abhängig ist (SIXL u. NOSEK, 1971). Die normale Aktivität der Nymphen von *I. ricinus* entwickelt sich bei der Temperatur von 10° C − 22° C und 100% r.F., der Larven zwischen 15° C − 27° C und 100% r.F. Die Adulten haben ihre normale Aktivität bei 18° C − 25° C und 100% r.F. Das kritische Wasserequilibrium bei *I. ricinus* beträgt 92% r.F. Nicht angesogene Individuen können über diesem Equilibrium während einiger Monate leben. Dagegen sterben sie unter diesem Equilibrium, z.B. bei 70% r.F. und 25° C, sehr bald.

Die Isozönosen der verschiedenen mitteleuropäischen Naturherde der FSME wurden bei NOSEK et al. (1970), RADDA (1971) und NOSEK u. SIXL (1974) charakterisiert.

Der karpatische Typus der Naturherde von Frühsommer-Meningoencephalitis liegt weit am nördlichen und südlichen Karpatenvorland und wird von der Isotherme von 8° C Jahresmitteltemperatur begrenzt (NOSEK et al., 1976).

2. Vorkommen der Zecke *Ixodes ricinus* L. in verschiedenen Pflanzengesellschaften Mitteleuropas

In Mitteleuropa kann eine zweigipfelige Häufigkeitskurve der aktiven Zecken beobachtet werden, wobei das erste Maximum in den Zeitraum von Mitte April bis Mitte Juni fällt und das zweite Maximum im September − Oktober festgestellt werden kann. Im Norden sowie in Gebirgslagen rücken beide Maxima zusammen mit einem einzigen Gipfel in den Sommermonaten. Dagegen fällt im Mediterrangebiet an der dalmatinischen Adriaküste die Periode höchster Aktivität auf November, Dezember und Januar. Es gibt hier milde regenreiche Winter und das Klima ist stark durch das Meer beeinflußt.

In den Julischen Alpen in Nord-Slowenien konnte eine hohe Populationsdichte von *I. ricinus,* besonders in den Gesellschaften von *Picea-Carex alba* festgestellt werden. Die subalpinen Weiden sind ideale Habitate für *I. ricinus.* In einer Höhe von 700 m sinkt die Anzahl der Zecken ab, obwohl diese Zecke die Höhe über 2000 m erreicht und im *Rhodotamneto mughetosum* noch vorkommt. Auch im Moorgebiet sowie im *Ostryo-Fagetum* bei Ljubljana kommt *I. ricinus* häufig vor (TOVORNIK, 1970).

An der Adria-Küste kommt *I. ricinus* im *Quercetum ilicis* und in den Wäldern von *Pinus maritima ssp. dalmatica* vor. Die Hainbuchenwälder (*Carpinetum orientalis croaticum*) sind im Mediterrangebiet weit verbreitet, aber nur stellenweise von ursprünglichem Charakter.

Wegen der hohen ökologischen Valenz von *I. ricinus* wurde trotz der oft folgenschweren Eingriffe des Menschen in die Biozönosen im pannonischen Gebiet im Hügelland sowie in der Donauniederung diese Art nicht sehr beeinflußt.

In den pannonischen Gebieten Kroatiens findet man hauptsächlich die Eichenwälder mit Ulmen und Eschen (*Quercetum Genistetum elatae*) in niederer Zone. In höherer Zone sind die Eichenwälder (*Quercetum sessiliflorae*) und Hainbuchenwälder (*Quercetum-Carpinetum croaticum*) zu finden (VESENJAK et al., 1965).

In Ungarn ist *I. ricinus* sehr häufig in den thermophilen Eichenwäldern mit Flaumeiche, in Robinienwäldern und in sumpfigen Auenwäldern zu finden. Besonders hohe Populationsdichten dieser Zecke wurden in *Corni-Quercetum carpini* im Bakony-Gebirge und beim Neusiedlersee beobachtet, wo bis 500 − 600 Individuen (Nymphen und Adulte) pro 100 m² gefunden wurden.

Ähnliche Pflanzengesellschaften wie in Ungarn bieten auch in Österreich günstige Bedingungen der Zecke *I. ricinus*, worüber RADDA im vorausgegangenen Beitrag zusammenfassend berichtet hat (S. 43). Aus Böhmen wurde *I. ricinus* aus Überschwemmungsgebieten neben den Flüssen mit *Stellario Alnetum, Fraxino-Alnetum, Carici remotae Alnetum* bekannt. In Polen kommt die Zecke häufig in verschiedenen Pflanzengesellschaften von *Querceto-Carpinetum* und *Fraxineto-Pineto-Alnetum* vor.

Ähnliche Habitate wie in den Moorgebieten Deutschlands sind aus Schottland bekannt, wo diese Art auf den Weiden, in den Wäldern und in Moorgebieten lebt. Im Grasland ist *I. ricinus* in folgenden Pflanzengesellschaften anzutreffen: *Festucetum ovinae, Nardetum strictae, Pteridium aquilinum-Nardus stricta, Molinietum coerulae, Nardus-Molinia, Nardus stricta-Juncus effusus,* ferner in den Eichenwäldern, Föhrenwäldern und Birkenwäldern, im Moor- und Sumpfgebiet in *Vaccinietum myrtilli*-Heiden mit *Calluna vulgaris* und *Erica sp., Molinia-Sphagnum* u.a. (VARMA, 1965).

In Frankreich lebt *I. ricinus* in den Mischwäldern der Vogesen mit *Castanea sativa,* in Lothringen in den Nadel-Laubmischwäldern.

In Bulgarien kommt diese Art in *Alnetum glutinosae* und *Querceto-Carpinetum* vor (HEJNY u. ROSICKÝ, 1962).

In Finnland beschränkt die Temperatur die nördliche Verbreitung von *I. ricinus* in der nördlichen Taiga. Hohe Abundanz von *I. ricinus* wurde im finnischen Seen-Plateau beobachtet, wo hauptsächlich die Erlen- und Birkenwälder ihre typischen Habitate darstellen (ÖHMAN, 1961).

3. Vorkommen und Häufigkeit von *Ixodes ricinus* in der karpatischen Subregion

Die Populationsdichte der Zecken steht natürlich in engem Zusammenhang mit derjenigen der Wirtstiere. Von Zecken bevorzugte Biotope weisen im allgemeinen große Populationen an Kleinsäugern, besonders von Mäusen und Insektivoren, auf. Als regelmäßige Bewohner dieser Gebiete wurden Gelbhalsmaus (*Apodemus flavicollis*) und Rötelmaus (*Clethrionomys glareolus*) festgestellt. Waldmaus (*Apodemus sylvaticus*), Feldmaus (*Microtus arvalis*) und Kleinwühlmaus (*Pitymys subterraneus*) sind weniger häufige, jedoch charakteristische Elemente dieser Gebiete. Das Vorkommen und die Häufigkeit von Waldspitzmaus (*Sorex araneus*), Zwergspitzmaus (*Sorex minutus*), Maulwurf (*Talpa europaea*) und Igel (*Erinaceus roumanicus*) ist in den einzelnen Biotopen unterschiedlich, doch charakteristisch. Eine hohe Populationsdichte an Nymphen wird von Zeit zu Zeit durch eine herbstliche starke Vermehrung von *Microtus arvalis* oder *Apodemus sylvaticus* sichergestellt. Die Vögel sind die Hauptwirte der Nymphen, die Kleinsäuger der Larven. Die wichtigsten Wirttiere der Adulten dürften die freilebenden Artiodactyla sein: Rehwild (*Capreolus capreolus*), Rothirsch (*Cervus elaphus*), Damhirsch (*Dama dama*), Mufflon (*Ovis musimon*) und Wilschwein (*Sus scrofa*), daneben verschiedene Marderarten (*Mustela nivalis, M. erminea, Putorius eversmanni, P. putorius, Martes martes*) und der Fuchs (*Vulpes vulpes*), ihres Vorkommens entsprechend mehr oder weniger stark parasitiert. Feldhase (*Lepus europaeus*) und Eichhörnchen (*Sciurus vulgaris*) zeigen in einigen Pflanzengesellschaften auch eine stärkere Verzeckung. *I. ricinus* findet seine Wirte unter natürlichen Bedingungen auf thigmotaktischem Wege. Er erwartet seine Wirte an der Vegetation. Die Larven entfernen sich dabei bis 10 cm, die Nymphen bis 1 m und die Adulten bis 1,5 m vom Boden. Damit stellt die Struktur der Vegetation einen wichtigen verbreitungsbeschränkenden bzw. fördernden Faktor dar.

Die höchste Populationsdichte von *I. ricinus* in der karpatischen Subregion wurde in den Bach- und Flußauen, in wärmeliebenden Eichenwäldern, in Hainbuchen-Eichenwäldern und in Buchenwäldern der niederen Lagen und in *Robinia*-Beständen festgestellt. Von diesem Standpunkt sind als Ekotope die Waldränder, die Kahlschläge und die feuchten Täler wichtig. Besonders hohe Populationsdichten der Zecken wurden an den Grenzen verschiedener Pflanzengesellschaften beobachtet.

Einige Beispiele von Habitaten und die Populationsdichte der Zecke *I. ricinus* in den karpatischen und den pannonischen Subregionen werden in den Karten Nr. 1 — 3 dargestellt (siehe Ausklapptafel).

4. Biotope von *Ixodes ricinus* L. in der karpatischen Subregion

Es ist bekannt, daß Wirt, Vektor und Virus sich in einem bestimmten Biotop einander seit langem begegnen, daß ihre Wechselbeziehungen über lange Zeiträume hinweg konstant sind und daß Veränderungen sich nur allmählich vollziehen. Von den erwähnten Komponenten ist sicher das

Biotop die jüngste. Wir wissen, daß es seine jetzige Form in der letzten Eiszeit erhalten hat und daß die Vegetation so, wie wir sie heute antreffen, sich in der unmittelbaren Nacheiszeit dort angesiedelt hat.

a) Biotope in den Waldgesellschaften der Kleinen Karpaten

Die Waldgesellschaften der Kleinen Karpaten (Karte 1) lassen sich auf Grund des geologischen Substrates in zwei große Gruppen einteilen. Zu der ersten Gruppe gehören die Waldgesellschaften, die basische Substrate wie Kalkstein oder Dolomit, zu der zweiten Gruppe diejenigen, die mehr acide Substrate, wie z.B. Granit und Quarzit, bevorzugen. Die erste Gruppe ist im nördlichen Teil des Gebirges, die zweite in dem südlichen Teil (außer dem südlichsten Ausläufer, die Kobyla Gruppe, bei dem Zusammenfluß der March mit der Donau) vertreten.

Die ursprünglichen Wälder der Kleinen Karpaten bildeten (auf Grund der Pollenanalysen) die Eichen-, Eichen-Hainbuchen- und Buchenwälder verschiedener Zusammensetzung, je nach dem geologischen Substrate, auf dem sie verbreitet waren. Es hatten sich dabei auf Kalkstein oder Dolomit auch nicht selten Inseln mit Waldsteppen von *Quercus pubescens* und wärmeliebendem Unterwuchs, wie *Crataegus monogyna, Sorbus aria, Brachypodium pinnatum, Stipa capillata, Melica transsilvanica, Inula hirta, Stachys recta, Koeleria glauca, Dictamnus albus* und vielen anderen ausgebildet (Abb. 1). An steilen nördlichen Abhängen der Täler kamen einige Schuttwälder mit *Acer-, Tilia-* und *Fraxinus-*Arten vor.

In den gegenwärtigen Wäldern der niedersten Lagen kommen Eichen-Hainbuchen-Bestände des Typus *Carpineto-Quercetum* [sensu ZLATNÍK (1959) auch in dem weiteren Text] vor (Abb. 2). Es sind meistens wirtschaftlich genutzte Wälder mit wärmeliebendem Unterwuchs verschiedener Gräser und Kräuter. Die überwiegende Holzart in diesen Wäldern ist *Carpinus betulus.* Von den Eichen kommen *Quercus robur, Q. petraea* und selten auch *Q. cerris* vor. In den südlichen Lagen kommt oft auch *Castanea sativa* vereinzelt vor, die sehr wahrscheinlich von den Römern eingeschleppt war. Die Strauchschicht, die in diesem Typ oft sehr schön entwickelt ist, wird hauptsächlich von *Crataegus monogyna, C. oxyacantha,* verschiedenen Rosenarten (*Rosa sp. div.*), *Sambucus nigra, Cornus mas, C. sanguinea,* selten *Ruscus hypoglossum* u.a. gebildet. In der Krautschicht sind *Carex sylvatica, C. brizoides, C. hirta, Aegopodium podagraria, Dactylis glomerata, Poa nemoralis* und sehr viele andere Pflanzen vertreten.

In den Lagen über 300 m ü.M., auf basischen Substraten, kommen die wirtschaftlich genutzten Wälder des Typus *Fageto-Quercetum* mit *Quercus petraea, Q. robur* und *Fagus sylvatica* vor. Die Strauchschicht ist meistens nicht entwickelt und die Krautschicht durch *Carex pilosa* und *Luzula nemorosa* gebildet. Andere Pflanzenarten sind nur sporadisch vertreten.

Abb. 1. Waldsteppe auf Kalkstein in den Kleinen Karpaten mit Federgras (Stipa capillata).
Photo: KRIPPEL

Abb. 2. Carpineto-Quercetum in den Kleinen Karpaten (Frühlingsaspekt). Photo: KRIPPEL

An ähnlichen Stellen, aber auch auf den silikatischen Substraten, meistens an nördlichen Abhängen, kommen Wälder des Typus *Querceto-Fagetum,* die die Höhen bis 500 – 600 m ü.M. erreichen, vor. Diese bilden die Mehrheit der wirtschaftlich genutzten Wälder der Kleinen Karpaten. In diesem Typus überwiegt die Buche (*Fagus sylvatica*) über die Eichenarten. Es kommen hier auch Birken, Espen, Linden, Hainbuche und Hasel vor. In der Krautschicht befinden sich *Carex pilosa, Aegopodium podagraria, Sanicula europaea, Hacquetia epipactis, Melica uniflora, Mercurialis perennis, Luzula nemorosa* u.a.

Das *Fagetum pauper* bildet fast ganz nur *Fagus sylvatica.* Der Unterwuchs ist sehr arm (Abb. 3). Die Sträucher fehlen völlig und die Krautschicht bilden nur die im Frühling blühenden Pflanzenarten, wie *Dentaria bulbifera, Asperula odorata* und *Oxalis acetosella.* Auf den steinigen Stellen kommen manchmal einige Farne, wie *Dryopteris filix mas,* oder *Phegopteris dryopteris* vor.

Auch in dem Typus *Fagetum typicum* überwiegt in der Baumschicht die Buche. Der Unterwuchs ist hier reicher als in dem besprochenen Typus. Er wird durch *Asperula odorata, Dentaria bulbifera, Impatiens noli tangere, Geranium Robertianum, Aegopodium podagraria, Mercurialis perennis, Glechoma hederacea, Hedera helix* und andere Arten gebildet.

Aus den azonalen Typen, die durch verschiedene unregelmäßige Standortsbedingungen (Schutt, lokal erhöhte Feuchtigkeit des Bodens usw.)

Abb. 3. Fagetum pauper in den Kleinen Karpaten. Photo: KRIPPEL

bedingt sind, ist es notwendig, die Typen *Tilieto-Aceretum* (auf Schuttböden), *Fagetum dealpinum* (in seichten Böden auf Kalkstein und Dolomit),
Fagetum quercinum (auf extrem aciden Substraten) und *Corneto-Quercetum* (auf seichten *Rendsina*-Böden) zu nennen.

Das *Tilieto-Aceretum* ist in der Buchenstufe verbreitet. Die überwiegende Holzart dieser Gruppe ist die Buche; beigemischt sind *Acer pseudo-
platanus, A. campestre, Tilia platyphyllos, Ulmus montana* und an feuchte-
ren Stellen auch *Fraxinus excelsior*. Im Unterwuchs ist *Mercurialis perennis* häufig vertreten. Von den Begleitern sind *Asperula odorate, Oxalis
acetosella, Dentaria eneaphyllos, Corydalis cava* und *Allium ursinum* zu
nennen.

Das *Fagetum dealpinum* kommt auf seichten Böden auf Kalkstein
und Dolomit vor. Es sind Buchenwälder, die im Gebirge bis zu 300 m
ü.M. herunter kommen. In dem Unterwuchs kommen verschiedene Arten
der Buchenzone vor.

Auf extrem aciden Böden (auf Quarzit) sind die Wälder der Gruppe
Fagetum quercinum verbreitet. Die Hauptart ist hier *Quercus robur* mit
einem sehr armen Unterwuchs von *Calluna vulgaris, Vaccinium myrtillus,
Genista pilosa, Luzula albida* u.a.

Eine mit Unterwuchsarten sehr reiche Waldgruppe ist das *Corneto-
Quercetum* (Abb. 4). Die überwiegende Holzart ist hier *Quercus pubes-*

Abb. 4. Corneto-Quercetum in den Kleinen Karpaten. Photo: KRIPPEL

cens, häufig mit wärmeliebenden Sträuchern, wie *Cornus mas, Rosa sp. div., Ligustrum vulgare, Cotoneaster tomentosus* u.a. Die Wälder dieser Gruppe sind nicht sehr dicht, man kann sie an einigen Stellen als Waldsteppe bezeichnen. Die Krautschicht ist reich entwickelt und ist durch *Stipa capillata, Koeleria glauca, Carex humilis, Brachypodium pinnatum, Inula hirta, Dictamnus albus, Pulsatilla vulgaris ssp. grandis, Cynanchum hirundinaria, Anthericum ramosum* und viele andere Arten gebildet.

b) Biotope im Tribeč-Gebirge

Das Tribeč-Gebirge (Karte 2) bilden zum größten Teil granitische Gesteine. Nur der südlichste Teil, die Zobor-Gruppe und ein Gürtel um das granitische Zentrum werden aus Kalkstein und Dolomit gebildet. Das spiegelt sich auch in der Waldvegetation ab.

Die ursprüngliche Waldvegetation war hier ähnlich wie in den Kleinen Karpaten. Die Waldsteppen waren hier aber nur auf dem südlichsten Auslauf des Gebirges (die Zobor-Gruppe) konzentriert und nicht inselartig zerstreut wie in den Kleinen Karpaten.

Die gegenwärtigen Wälder in der niedersten Lage des Gebirges bilden auch hier die Waldgesellschaften des *Carpineto-Quercetum*-Typs. Es sind im allgemeinen wirtschaftlich genutzte Wälder mit ähnlichem Unterwuchs wie in den Kleinen Karpaten.

In der Lage über 300 m ü.M. kommen auch hier die Wälder des *Fageto-Quercetum* und *Querceto-Fagetum* derselben Zusammensetzung wie in den Kleinen Karpaten vor.

Im Unterschied zu den Kleinen Karpaten befinden sich hier Flächen des *Quercetum*-Typs inselartig zerstreut, die hauptsächlich durch *Quercus petraea* gebildet sind. Der Boden unter diesem Typ ist sehr arm, die Bäume haben verkrüppelte Stämme. Oft kommt hier auch *Pinus sylvestris* vor. Dieser Typus kommt auf solchen Stellen, wo der ursprüngliche Wald durch das Vieh abgeweidet wurde, vor. Der Unterwuchs der Wälder dieses Typus ist meistens durch *Genista pilosa, Calluna vulgaris, Festuca ovina, Deschampsia flexuosa, Vaccinium myrtillus, Luzula albida* und durch weitere acidophile Pflanzenarten gebildet.

Aus den Fageten kommt hier nur das *Fagetum pauper* in den höchsten Lagen mit genügend tiefen Böden ähnlich wie in den Kleinen Karpaten vor.

Der felsige Hauptkamm des Gebirges ist mit den Wäldern des Typus *Tilieto-Aceretum* bedeckt. Neben der Buche kommen in diesen Wäldern auch *Tilia*- und *Acer*-Arten vor. Für den Unterwuchs sind *Mercurialis perennis, Asperula odorata, Oxalis acetosella, Dentaria eneaphyllos, Allium ursinum* und *Corydalis cava* charakteristisch.

Floristisch sehr reich ist hier der Typus *Corneto-Quercetum*, der hauptsächlich in der Zobor-Gruppe verbreitet ist. Das Gehölz dieses Typus ist überwiegend *Quercus pubescens*, das krüppelige, niedrige Stämme bildet. In dem Unterwuchs kann man verschiedene wärmeliebende Pflanzenarten, wie *Carex humilis, Festuca valesiaca, Melica transsilvanica, Iris pumila, Brachypodium pinnatum, Adonis vernalis, Pulsatilla vulgaris ssp. grandis, Lithospermum purpureo-coeruleum, Geranium sanguineum* und viele andere finden.

Sehr interessant in diesem Gebirge ist eine Waldinsel mit *Castanea sativa*, die in dem *Fagetum pauper*-Typ vorkommt.

c) Biotope im Gebiet des slowakischen Karstes

Das Gebiet des slowakischen Karstes (Slovenský kras) (Karte 3) gehört der floristischen Zusammensetzung nach zu den interessantesten Gebieten der Westkarpaten. Es ist floristisch sehr reich; aus den in der Slowakei über 3000 bekannten höheren Pflanzenarten befinden sich hier über 900!

Das geologische Substrat des ganzen Gebietes wird durch Kalkstein gebildet. Im Norden ist der slowakische Karst durch das Erzgebirge (Slovenské Rudohorie) begrenzt und im Süden geht er in die pannonische Tiefebene über. Diese Lage zusammen mit der verschiedenen geologischen Unterlage spiegelt sich sehr scharf auch in den Waldgesellschaften ab.

Die ursprüngliche Waldvegetation auf den Karstplateaus wurde durch eichenreiche Waldsteppen gebildet. Die steilen Abhänge waren durch Esche-Ahorn-Gesellschaften, zu denen die Hainbuche oft zustieg, bewachsen. In den schmalen Flußauen, die oft kanyonartig sind, waren die Erlen-Weiden-Gesellschaften verbreitet.

Die gegenwärtigen Wälder sind gegen die ursprünglichen stark reduziert. Die Karstplateaus, die durch Waldsteppengesellschaften bedeckt waren, sind fast total durch die Viehweide entwaldet worden. Es befinden sich hier nur vereinzelt Stellen mit strauchartiger Vegetation mit *Corylus avellana, Cornus mas, Rosa sp. div.,* und *Crataegus sp. div.*

Die steilen Abhänge, oft mit Schuttböden, sind meistens durch die Schuttwälder des Typs *Tilieto-Aceretum, Carpineto-Aceretum* oder *Fraxineto-Aceretum* bewachsen. In dem Unterwuchs kommen *Mercurialis perennis, Allium ursinum, Dentaria eneaphyllos, Lunaria rediviva* u.a. vor. Teilweise sind auch diese Abhänge, meistens in der Nähe der Dörfer, wo das Vieh zu den Weiden getrieben wird, waldlos.

Aus den ursprünglichen Auenwäldern sind nur einige Baumgruppen mit *Alnus, Salix* und *Fraxinus*-Arten geblieben.

Die Waldbestände des *Corneto-Quercetum*-Typs sind nur inselartig auf einigen Stellen, die von den Dörfern entfernt liegen, in Rudimenten erhalten geblieben. Diese sind an Stellen mit geringem Einfluß des Menschen floristisch sehr reich. Im Unterwuchs überwiegen die wärmeliebenden Gräser wie *Koeleria glauca, Bothriochloa ischaemum, Cleistogenes serotina, Melica transsilvanica, Poa compressa* und *Carex humilis.*

Häufiger kommen die Wälder des Typs *Carpineto-Quercetum* vor. Sie sind meistens wirtschaftlich genutzte Wälder. Die floristische Zusammensetzung aller Etagen ist ähnlich wie in den Kleinen Karpaten.

In den höheren Lagen kommen auf Kalkstein Buchenwälder des Typs *Fagetum typicum* mit reichem Unterwuchs vor.

Sehr scharf von den Waldgesellschaften des Karstgebietes getrennt kommen die acidophilen Waldgesellschaften des Erzgebirges vor. In den niederen Lagen sind es die Wälder des *Fagetum quercinum*-Typs mit *Luzula albida, Calamagrostis arundinacea, Vaccinium myrtillus* und anderen Arten in dem Unterwuchs.

Die höheren Lagen sind durch die *Fagetum abietino-piceosum-* und *Abieto-Piceetum*-Gesellschaften bewaldet.

Aus den *waldlosen Pflanzengesellschaften,* die für die Zeckenverbreitung wichtig sind, kommen in dem Karstgebiet die Gesellschaften *Festucetum valesiaceae, Caricetum humilis* und *Festucetum duriusculae* vor. Besonders das *Festucetum valesiaceae* ist auf großen Flächen verbreitet. Es dient zum größten Teil als Viehweide. Ein Teil wurde zum Naturschutzgebiet erklärt. Auf den für das Karstgebiet typischen Oberflächen (Karrenfelder) kommt in den kleinen Senkungen mit Kalkstein, die mit Rohhumus ausgefüllt sind, das *Caricetum humilis* und *Festucetum duriusculae* (mit *Teucrium montanum*) vor. Auf den Stellen, wo diese Pflanzengesellschaften nicht beweidet sind, befinden sich, an der Menge der Pflanzenarten gemessen, die reichsten Pflanzengesellschaften des Karstgebietes.

Auf dem aciden Substrat des Erzgebirges treten aus den waldlosen Gesellschaften die Weiden des *Nardetum*-Typus hervor.

Literatur

AESCHLIMANN, A.: Ixodes ricinus Linné, 1758 (Ixodoidea: Ixodidae) Essai préliminaire de synthese sur la biologie de sette espèce en Suisse. Acta tropica **29**, 321−340 (1972)

HEJNÝ, S., ROSICKÝ, B.: Biocenological-Parasitological studies on the existence of a potential elementary focus of tick-borne encephalitis in the surroundings of Iskra village. Bull. Inst. Microbiol. **14**, 20−21 (1962)

KRIPPEL, E.: Beitrag zur Geschichte des Waldes im Gebiet des Südslowakischen Karstes. Biológia SAV, **12**, 884−894 (1957) (slow., deutsch. Zusammenfass.)

KRIPPEL, E.: Map of vegetation degrees as a fundation for the physical-geographical regionalisation (on the example of south-western Slowakia). Geogr. čas. SAV **20**, 257−266 (1968)

KRIPPEL, E.: Beitrag zur Kartierung der Vegetationsstufen (mit Beispiel vom Bratislava-Blatt.) Geogr. čas. SAV **26**, 336−352 (1974) (slow., deutsch. Zusammenfass.)

MAZÚR, E.: Zu den Grundsätzen der geomorphologischen Rayonierung der Westkarpaten. Geogr. čas. SAV **16**, 121−140 (1964)

NOSEK, J.: The microclimate of Ixodes ricinus. In: Weather and Animal Parasites. World Met. Organization−Food and Agriculture Organization Technical Bulletin (im Druck 1976)

NOSEK, J., KOŽUCH, O., GRULICH, I.: The structure of thickborne encephalitis (TBE) foci in Central Europe. Oecologia (Berl.) **5**, 61−73 (1970)

NOSEK, J., KOŽUCH, O., RADDA, A.: Untersuchungen über die Ökologie des Virus der Zentraleuropäischen Encephalitis in Nordmähren. Zbl. Bakt. I. Orig. **208**, 81−87 (1968)

NOSEK, J., KOŽUCH, O., MAYER, V.: The spatial distribution and stability of natural foci of tick-borne encephalitis virus in Central Europe. Erdkundliches Wissen, Wiesbaden, S. 152−166 (1978)

NOSEK, J., SIXL, W.: Vergleichende Studien über die Naturherde der Zeckenencephalitis in Mitteleuropa. 4th Int. Congress of Acarology Sahlfelden, August 11−18, 1974 (1976)

ÖHMAN, CH.: The geographical and topographical distribution of Ixodes ricinus in Finland. Acta Soc. pro Fauna et Flora Fennica **76**, 1−38 (1961)

RADDA, A.: Geoökologische Gesichtspunkte beim Vorkommen der Frühsommer-Meningoencephalitis. In: Fortschritte der Geomedizinischen Forschung. Band 35 der Schriftenreihe „Erdkundliches Wissen". Jusatz, H.J. (Hrsg.), S. 62−75. Wiesbaden: Steiner 1974

RADDA, A., HOFMANN, H., KOŽUCH, O., KUNZ, CH., NOSEK, J., ZUKRIGL, K.: Ein Naturherd des Frühsommer-Meningoencephalitis-Virus bei St. Florian. Naturkundl. Jahrb. Linz 1969, S. 185−196

RADDA, A., KUNZ, CH.: Virological studies on tick-borne encephalitis in natural foci in Austria. Acta virol. **12**, 268−270 (1968)

RANDUŠKA, D., et al.: Übersicht der Waldstandortsverhältnisse der Slowakei. Bratislava 1959 (slow.)

SIXL, W., NOSEK, J.: Einfluß von Temperatur und Humidität auf das Verhalten der Zecken Ixodes ricinus, Haemaphysalis inermis und Dermacentor marginatus. Archives des Sciences Genève **24**, 97−109 (1971)

VARMA, M.G.R.: The distribution of Ixodes ricinus in Britain in relation to climate and vegetation. Theoretical Questions of Natural Foci of Diseases. Proceedings of a Symposium held in Prague, November 26−29, 1963. 301−311 (1965)

VESENJAK-HIRJAN, J., TOVORNIK, D., SOOŠ, E.: Geographical variety of biotopes containing foci of tick-borne encephalitis in Yugoslavia. Theoretical Questions of Natural Foci of Diseases. Proceedings of a Symposium held in Prague, November 26−29, 1963; pp. 111−119 (1965)

TOVORNIK, D.: Ekosysteme von Arbovirus-Infektionen in Slowenien und in einigen anderen Gebieten Jugoslawiens. Acad. Sci. et Art. Slovenica, Ljubljana 1970, S. 1−81

ZLATNÍK, A.: Übersicht über die Gruppen der Waldtypen der Slowakei. Brno 1959 (tschech.)

Spatial Distribution and Stability of Natural Foci of Tick-Borne Encephalitis Virus in Central Europe

by

J. Nosek, O. Kožuch and V. Mayer

1. Introduction

The natural foci of tick-borne encephalitis (TBE) occur in Central Europe in different ecosystems, which are more or less influenced by human activity. The original climax communities of oak tier (xerophilic to mesophilic oak and mixed oak forest types) have been changed into pastures, meadows, cultivated steppe, forest-steppe, black locust forests, and spruce forests. The original character of plant communities occurring in natural foci has been best preserved in the Carpathian subregion.

Isocoenosis in different European natural foci of TBE virus were characterized by Nosek et al. (1970), Radda (1973a), and Nosek and Sixl (1974); phytocoenoses by Rosický and Hejný (1961).

The Carpathian type of TBE foci occurs in the southern and northern foreland of the Carpathians and is delimited by the isotherm of an average annual temperature of $+8°$ C (Nosek and Mayer, 1975).

The stability of natural foci in space and time is determined by the duration of trophic and topic relationships of virus-vector-host. The fundamental relationships between the TBE virus and the ticks and mammals were analyzed by Nosek and Grulich in 1967, and more recently by Blaškovič and Nosek (1972) and Radda (1973b).

2. Material and Methods

Only reliable laboratory methods which should give comparable results for numerous successive years are used. Suitable field methods are simple, based on the ecology and behaviour of the vectors or hosts, and permit the comparison of results obtained in different biotopes.

a) Isolation Experiments

Virus isolations were made from the ticks or from the blood of live reservoir animals trapped in the natural foci. Ticks for isolation experiments were collected from March to November (exceptionally during whole of year). Pools for isolation experiments were prepared according to stage and sex and washed for 1 hour in saline containing penicillin and streptomycin. The suspensions were made in Earles solution with 5% heated calf serum. After centrifugation at 3000 rpm for 15 min, they were prepared for inoculation.

Blood for virus isolation was obtained from small rodents and insectivores by puncture of the sinus orbitalis or by intracardial puncture under ether anaesthesia; it was then treated with heparin. The blood was withdrawn in the field and transported to the laboratory on dry ice. For inoculation, the blood was diluted 1:5 in a growth medium.

Each pool from ticks and the blood from the reservoir animals was inoculated intracerebrally in 0.01-ml amounts to suckling mice and in 0.1-ml amounts to 24-hr-old chick-embryo cells (CEC). A detailed description of the isolation technique, and virus titration and identification was given in earlier papers (GREŠÍKOVÁ and NOSEK, 1967; NOSEK et al., 1968). To investigate in model experiments the character of the virus (four strains) isolated in April 1975 from the same natural microfocus of infection (cf. Fig. 3), patterns of their virulence for mice behaviour in cell cultures were studied. Invasivity indices, expressing the amount of mouse intracerebral LD_{50} required to bring about lethal encephalitis in subadult mice after peripheral administration, were estimated in these strains also. The formula for the invasivity index calculation is:

Invasivity index (10 − 12 g SPF mice)

$$= \frac{\log \text{ subcutaneous } LD_{50}}{\log \text{ intracerebral } LD_{50}}$$

b) Plaque Method

Glass Petri dishes ($\varnothing$ 6 cm) were seeded with $1.5 \cdot 10^6$ pig kidney epithelial cells (PS line) in 5 ml Basal Eagle's Medium supplemented with 10% inactivated foetal calf serum. After incubation for 3 days the confluent cell monolayers were inoculated with the "20", "40", "62", and "76" TBE virus (western subtype) strains, that were in their first 8 − 10 g SPF mouse brain passage. Dilution at $1:10^6$ and $1:10^7$ of 10% M_1 brain suspensions were each plated (a 0.3 ml) on seven dish cultures. After a 90-min adsorption period at room temperature, the cells were overlayered with 5 ml modified WESTAWAY's (1966) medium containing 0.05 *M* Tris (hydroxymethyl)-aminomethan, DEAE-dextran (20 g/ml), 5% inactivated foetal calf serum, and 1% of agarose (Koch-Light Ltd.). After incubation at 37° C for 5 days, cultures were stained with neutral red, and the plaques were measured and counted.

As control virus, the virulent P III-E clone (MAYER, 1962) of the HYPR strain of the TBE virus (western subtype) was used.

c) Ecological Experiments

The carbon dioxide method according to NOSEK and KOŽUCH (1969) was used to establish the population density of ticks. From a known absolute number of individuals on a limited trapping area the population density for an actual trapping area can be calculated if the radius of the location is known.

Statistical calculations based on the mark and release method (TA-NAKA, 1951) assume a direct correlation between trapped mammals and the population as a whole.

The mean radius of activity of an individual was calculated if more than five trapping results were available and the mean radius of activity of a species was always calculated from results in the same season (more than 50 occasions).

3. Results

Distribution of TBE foci on the territory of Slovakia agrees with the course of isotherme +8° C of annual average temperature as well as with the plant communities of the first oak tier (cf. Figs. 1 and 2). The highest population density of the *Ixodes ricinus* tick, chief vector of TBE virus, coincides also with this climate and distribution of relevant plant communities. Isolations of TBE virus from ticks, small mammals, and birds in the territories of Slovakia shown in Table 1 are in agreement with previous statements (cf. Table 1 and Fig. 2). Table 1 shows that the isolations of TBE virus from ticks prevalent in April and May agree with maximum at seasonal incidence of nymph and adult *I. ricinus* ticks as well. Normal activity of *I. ricinus* nymphs and adults is conditioned by ecoclimatic temperature and humidity, as was experimentally confirmed in nature and in the laboratory by SIXL and NOSEK (1971).

The maximum of seasonal incidence of *I. ricinus* on the foreland of the Carpathians falls within the limits of the middle of April to the middle of May. On the basis of long-term observation this maximum in the Tribeč region falls in the middle of April.

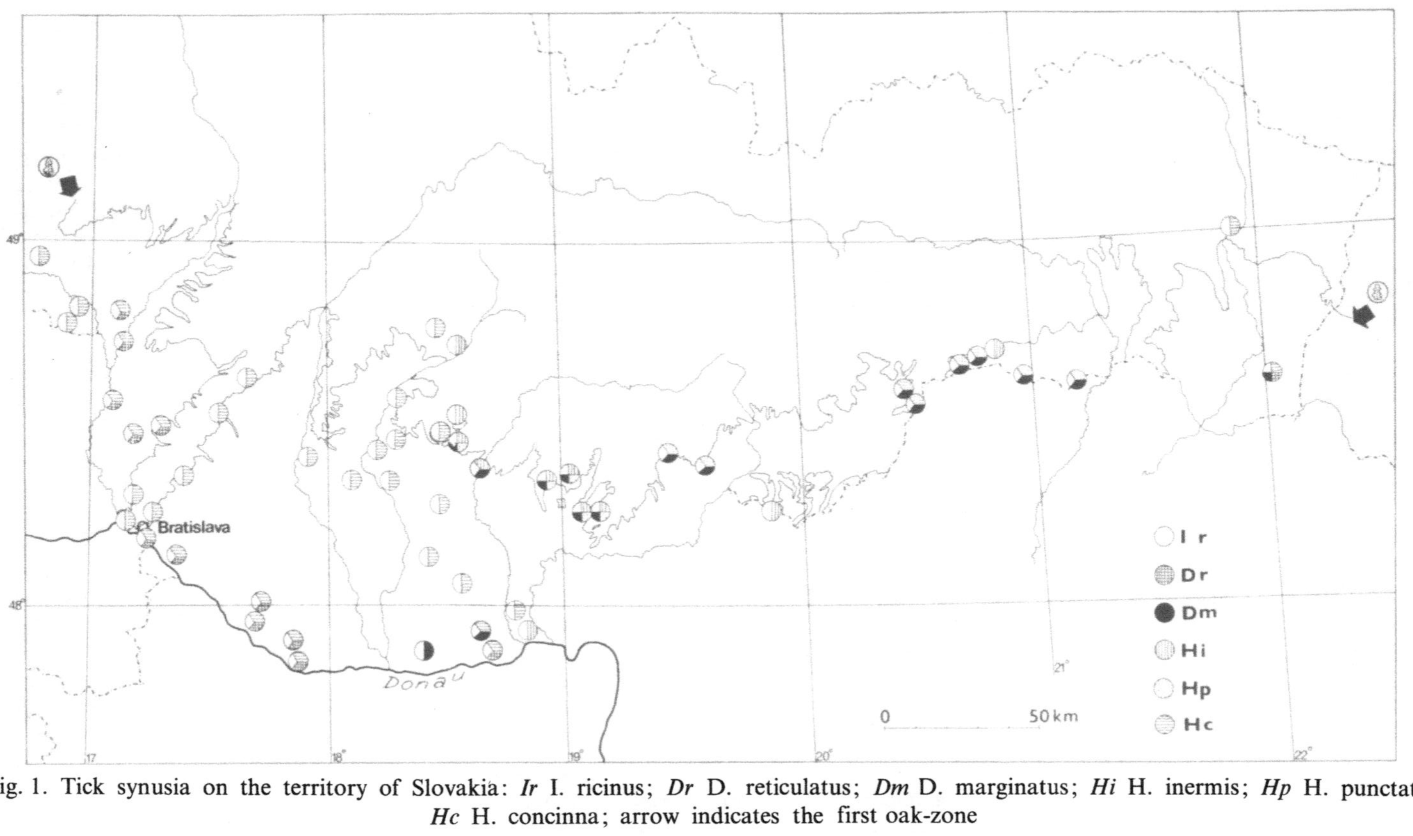

Fig. 1. Tick synusia on the territory of Slovakia: *Ir* I. ricinus; *Dr* D. reticulatus; *Dm* D. marginatus; *Hi* H. inermis; *Hp* H. punctata; *Hc* H. concinna; arrow indicates the first oak-zone

Table 1. Isolations of TBE virus from ticks, small mammals and birds on the territory of Slovakia

Localita	Number of isolated strains	Vector N =nymph M =male F =female	Host			Month	Year	Ref.
			Insectivora	Rodentia	Aves			
1. Jablonica	1	F I. r.	—	—	—	June	1972	1
2. Radimov	4	—	—	Cl. glareolus	—	March	1974	2
3. Vývrat	2	—	—	A. flavicollis [1]	—	Nov	1969	1
				Cl. glareolus [1]	—	Nov	1969	
4. Záhorská Bystrica	1	F I. r.	—	—	—	May	1965	3
5. Devín	2	N I. r.	—	—	—	May	1973	4
6. Rača	1	F I. r.	—	—	—	June	1972	n.o.
7. Pezinok		M I. r. [1]				May	1969	
	3	N I. r. [1]	—	—	—	May	1970	1
		F I. r. [1]				May	1970	
8. Šamorin	5		S. araneus [2]	—	—	April	1954	
			S. araneus [1]	—	—	April	1955	
		—		Cl. glareolus [1]	—	April	1954	5
				M. musculus [1]	—	April	1955	
9. Járok [Tribeč region]			E. roumanicus [1]	—	—	May	1964	6
	7	—	T. europaea [3]	—	—	April	1965	7
			—	Cl. glareolus [1]	—	Oct.	1964	6
			—	A. flavicollis [1]	—	Oct.	1964	6
10. Horné Lefantovce	1	N I. r.	—	—	—	April	1969	
11. Podhorany		N I. r. [1]	—	—	—	May	1971	1
[Tribeč region]	2	F I. r. [1]	—	—	—	May	1971	
12. Žirany	3	F I. r. [2]				April	1967	
[Tribeč region]		M I. r. [1]	—	—	—	April	1967	8
13. Jelenec		M I. r. [1]	—	—	—	April	1964	
[Tribeč region]		F I. r. [1]	—	—	—	April	1964	9
	6		E. roumanicus [1]	—	—	May	1964	6
			T. europaea [3]	—	—	April	1965	7
14. Topolčianky		—	—	Cl. glareolus [1]	—	Oct.	1956	10
[Tribeč region]		—	T. europaea [1]	—	—	April	1965	7
		—	—	A. flavicollis [1]	—	June	1965	11
		—	—	A. flavicollis [1]	—	Oct.	1967	

Locality	No.	Ticks				Month	Year	Strain
		—	—	Cl. glareolus [3]	—	April	1967	8
		N I. r. [2]	—	—	—	April	1967	9
		N I. r. [2]	—	—	—	April	1965	
	28	I. r. [1]	—	—	—		1967	
		N I. r. [1]	—	—	—	March	1968	
		N I. r. [3]	—	—	—	May	1968	
		F I. r. [1]	—	—	—	May	1968	11
		N I. r. [1]	—	—	—	July	1968	
		F I. r. [2]	—	—	—	April	1969	
		M I. r. [1]	—	—	—	May	1969	
		+++N I. r. [5]	—	—	—	April	1975	
		+F I. r. [2]	—	—	—	April	1975	1
15. Čierna dolina [Pohronský Inovec region]	1	M I. r.	—	—	—	April	1975	
16. Plášťovce	1	M H. iner.	—	—	—	May	1965	12
17. Bottovo	1	F I. r.	—	—	—	May	1973	1
18. Hrhov	1	F D. marg. [1]	—	—	—	April	1954	13
19. Lipovník	1	F I. r. [2]	—	—	—	April May	1963	14
20. Brestov		F I. r. [1]	—	—	—	July	1968	
	4	M I. r. [1]	—	—	—	June	1968	
		—	—	Cl. glareolus [1]	—	Oct.	1968	1
		—	—	A. flavicollis [1]	—	Oct.	1968	
21. Senné		—	—	—	A. querquedula	Aug.	1957	15
22. V. Tatry	1	—	S. alpinus	—	—	June	1956	
	1	—	—	M. musculus	—	June	1956	
	1	—	—	A. flavicollis	—	June	1956	16
	1	—	—	A. tenestris	—	June	1956	

Strains under study: + "76". +++ "30", "40", "62" (see Table 2)

I. r. = Ixodes ricinus; H. iner. = Haemophysalis inermis; D. marg. = Dermacentor marginatus

n.o. = not published; 1 = Kožuch n.o.; 2 = Grešíková et al., 1976; 3 = Grešíková et al., 1968; 4 = Grešíková, 1975; 5 = Bárdos, 1957; 6 = Kožuch et al., 1967; 7 = Kožuch et al., 1966; 8 = Kožuch et al., 1969; 9 = Grešíková and Nosek, 1967; 10 = Ernek and Škoda, 1958; 11 = Kožuch et al., 1973; 12 = Grešíková and Nosek 1966; 13 = Libíková and Albrecht, 1959; 14 = Libíková, 1964; 15 = Ernek, 1959; 16 = Bárdoš et al., 1959

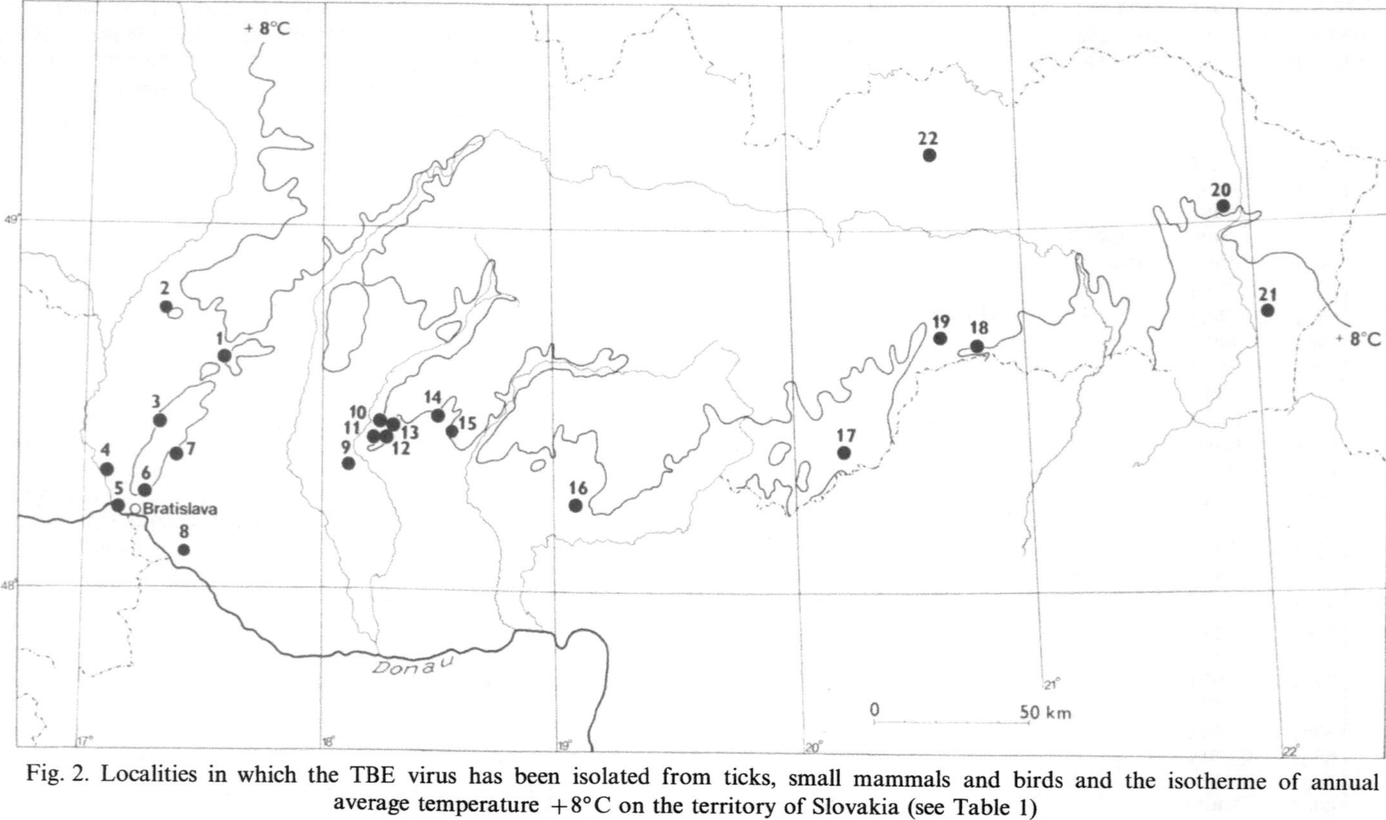

Fig. 2. Localities in which the TBE virus has been isolated from ticks, small mammals and birds and the isotherme of annual average temperature +8°C on the territory of Slovakia (see Table 1)

The very complex and extended life cycle of *I. ricinus* is responsible for the so-called living-stock of ticks in nature. An accumulation of both unfed and engorged individuals and laid eggs represents not only an important factor in population dynamics of *I. ricinus,* but also takes into account the stability of TBE foci.

The stability of elementary TBE foci is determined by the population density of the main vector, the relatively stable population density of the main hosts by a stock pile of viruliferous ticks, and the virulence of circulating virus strains, e.g., causing high viraemia. The population density of *I. ricinus* in Central European communities of oak tier averages 200 nymphs and adults per 100 square meters; in some localities it reached 500 individuals (nymphs and adults).

The percentage of virus-bearing ticks in elementary focus in Tribeč region ranges from 0.16% to 1%.

From listed virus strains, four were studied using the plaque method. All four strains, multiplying in brain tissues to considerable titers $(1.9 - 5.3 \cdot 10^8$ PFU/ml), formed distinct and clear plaques with sharp edges. A remarkable heterogeneity of diameters was observed $(\varnothing\ 2 - 6$ mm). The proportion of plaques larger than 3 mm varied from 53% to 67% in the strains investigated whereas with the P III-E virus the large-plaque formers were noted in 99% (100 plaques counted). Principally similar proportions were observed in experiments repeated with the same material. The four strains already in their first mouse intracerebral passage showed remarkable virulence for subadult mice, the invasivity indices ranging from 0.4 to 0.7.

4. Theoretical Considerations

a) Biocoenotic Relationships

The natural focus of an arboviral disease always exists as long as a viral agent is being transmitted by a vector from maintenance host to recipients in each cycle of its circulation. Biocoenotically the trophic, topic, and phoretic relationships are very important. The importance of different species of hosts and vectors for the viral agent depends on their susceptibility and sensitivity to the infection, their number and extent of its stability, on the character of their distribution over the territory, the mobility of the animals, the frequency and form of their intrapopulational and interspecific contacts competition, and all other peculiarities of their life. Therefore, the population of the same species living in different habitats may play a different role in the life of the viral agent. Some of fundamental relationships are mentioned here.

b) Vector-Host Relationship

Habitats lacking special protection from the environment often have fewer but more varied hosts than restricted habitats. Two or more tick species frequently occur in such areas, thus enhancing the potential for virus dissemination and the complexity of virus circulation. The bulk of the virus isolations in Europe is from *I. ricinus* ticks (KUCHERUK et al., 1969; HANNOUN, 1971; NOSEK and BLAŠKOVIČ, 1973). The long life span of a tick, commonly a year and often two or more years, exceeds that of some of its hosts or at least involves successive breeding cycles of the host. TBE virus surviving for months or years in ticks (KOŽUCH and NOSEK, 1974) has a much enhanced potential in time and space for transmission to uninfected, susceptible vertebrate hosts. The small mammals are the main hosts of *I. ricinus* larvae. The tick load of small mammals varies during the years with vector activity and correlates indirectly with the density of hosts, directly with the extent of their territoriality (NOSEK, 1976). Only these populations of maintenance host which coincide with the seasonal activity of a vector are important. Therefore the tick synusiae are very important from this point of view (NOSEK et al., 1969; NOSEK and MAYER, 1975).

Based on theoretical considerations which are supported by long-term observations in nature and by experimental investigations, we accept that the density of animal populations and especially of vector populations are regulated also by chance. According to the species and the environment, at times one or the other has greater significance.

c) Relationship of Vector and Host to the Habitat

The association of a particular tick species with relevant plant communities is well demonstrated in the territory of Slovakia, where three main tick synusia which are of economical and public health importance occur:

1. Synusia of *Haemaphysalis inermis, H. punctata, Dermacentor marginatus,* and *I. ricinus* is characteristic for forest-steppe, thermophilic oak-wood, and hornbeam-oak forests on andesite and andesite pyroclasts.

2. Synusia of *D. marginatus, H. punctata,* and *I. ricinus* occurs first in the Karst region in biotopes characterized by xerophilic plant communities: dry pasture shrub communities, grazing black locust forests (*Robinietum*), forest-steppe or grikes (*Corni-Quercetum pubescentis* and *Corni-Quercetum carpini*), margins of oak forests, bushy ridges between fields, and field paths.

3. Synusia of *D. reticulatus, H. concinna,* and *I. ricinus* occurs in the river basins, in swampy mixed woods, and in shrub pasture communities. This synusia occurs most frequently on forest clearings, along

forest paths, and on lake shore vegetation (NOSEK and KRIPPEL, 1974).

The ticks species *Haemaphysalis concinna, H. inermis, H. punctata, Dermacentor marginatus,* and *D. reticulatus* only rarely acted as vectors in certain biomes or areas.

Transmission of the virus is influenced by the ecological niche of the host or the vector, respectively (NOSEK et al., 1970). The mobility of larger mammals and birds adds space and distance to the element of time of feeding ticks. These animals can disseminate the viruliferous ticks for long distances. Farm grazing ungulates and semiwild ungulates in some parts of Central Europe maintain *I. ricinus* populations in surroundings frequented by human beings and where numerous small mammals support the larvae population while birds support that of nymphs.

d) Virus Patterns

The four strains, isolated from the same microfocus (investigated for several years as an example of stability of virus circulation in a small locality) during April 1975, even in their first mouse intracerebral passage, shared several important properties characteristic for virulent TBE virus (western subtype), namely: a) multiplication to high infectious titers in the mouse central nervous system as revealed by the log ic LD_{50} and log PFU values; b) low indices of invasivity, indicating a high degree of virulence for peripheral mouse tissues (Table 2); c) rapidly and clearly expressed cytopathic activity in PS cells ("fast" strains); d) high plating efficiency; and e) capacity to form clear plaques, which are heterogeneous in diameter. The relative percentage of large plaqueformers was almost the same (53% − 67% under experimental conditions) in strains investigated in their first mouse brain passage, while in the reference TBE virus, it was as high as 99%. Taking into consideration

Table 2. Biological characteristics of four recently isolated strains of tick-borne encephalitis in April 1975 from the same microfocus

Strain	Passage	log ic LD_{50}/ml	log sc LD_{50}/ml	Invasivity index	PFU ($\times 10^8$)	Per cent of plaques > 3 mm $\varnothing$
"30"	T → M 1	8.0	7.6	−0.4	2.5	66
"40"	T → M 1	7.8	7.1	−0.7	1.9	53
"62"	T → M 1	7.1	6.5	−0.6	2.5	59
"76"	T → M 1	7.8	7.3	−0.5	5.3	67
P III-E	M 10	8.6	7.8	−0.8	3.4	99

T = isolation from tick. M = mouse ic passage. ic = intracerebral that the plaque diameter also reflects the velocity of virus multiplication initiated by one given infectious unit (having the nature of a clone) in the system investigated, the described observations suggest a certain biologic similarity of the virus populations comprised of the four strains isolated during a short spring period in the restricted area of a natural microfocus of infection. These data seem to support a hypothesis that the vectors actually carried the same virus, circulating in a small, ecologically defined natural environment, and that the isolated "strains" represent actually the same, biologically rather homogeneous virus population, perpetuating under conditions of a close and relatively nonchanging habitat. Such a degree of similarity was not observed while investigating various other strains also in their first mouse brain passage, but isolated from geographic localities considerably extended (cf. MAYER and KoŽUCH, 1969). Virus isolated from a viremic hedgehog was comparatively investigated in this respect (MAYER et al., 1967).

5. General Conclusions

The distribution of *I. ricinus* tick is determined by the availability of microenvironmental conditions and by the distribution and density of its preferred hosts which favour its survival and development. As a rule, *I. ricinus* seems to survive Central Europeans winters very well. It hibernates in all stages, carefully burrowing under the detritus layer. If the winter is mild, it hibernates in old, dry vegetation.

Incidence of TBE cases in human population during the winter period shows territorial continuality and agrees with the winter activity of ticks in localities with mild winters (KRAJČÍR, 1975).

The periodic fluctuations of ticks are conditioned by climatic conditions. Humid summers and mild winters support the increase of actual population density of ticks. Conversely, the dry periods and hard winters reduce the number of ticks (PRETZMANN et al., 1964).

The plant community influences directly and indirectly the occurrence of the tick and its population density in a habitat. The direct effects may be summarized as ecoclimatic effects transforming temperature, humidity, and light, which can favour or hamper the existence of ticks, e.g., their oviposition, development, longevity of various stages, mortality and survival, and forming of favourable milieu. The indirect effects are of biocoenotic nature. Vegetation growth offers the shelter, resting places, and source of food for tick-hosts. Ixodid ticks usually spend a considerably part of their long life on vegetation waiting for a host upon which they can attack and feed. The behavioural pattern of the *I. ricinus* tick in different plant communities is quite different.

The model study of patterns in virus strains isolated during a short time period from a microfocus of infection suggests that a virus circulates (evidently significantly influenced by selective pressures exerted by environmental factors), exhibiting a considerable degree of biological homogeneity (as far as virulence in white mice and cell cultures is concerned).

The main distribution of TBE foci in Central Europe agrees also with the isotherm $+8°$ C of annual average temperature and with the isocoenoses of the first steppe of oak tier.

The stability of TBE foci is determined by topic relationships of vectors to their habitat, by trophic relations to their maintenance hosts, by the percentage of viruliferous ticks, and by the pattern of circulating virus.

The distribution of virus-bearing ticks in elementary focus shows a relatively steady state in the so called "microfoci" (contamination centers as defined by Pretzmann et al., 1967) (Figs. 3 and 4). The transsta-

Fig. 3. The "microfocus" where 4 strains of the TBE virus ("30", "40", "62", and "76") were isolated (Tribeč region)

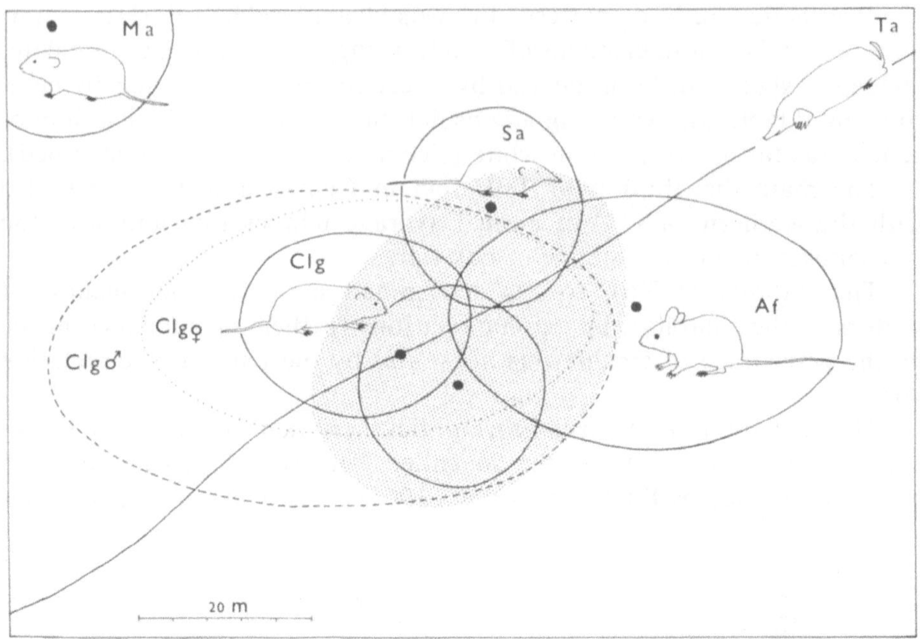

Fig. 4. Home ranges of maintenance hosts overlap in space and time in so called "microfoci": *Clg* Clethrionomys glareolus; *Af* Apodemus flavicollis; *Sa* Sorex araneus; *Ta* Talpa europaea; *Ma* Microtus arvalis. Interrupted line: home range of male in spring season; dotted line: home range of female in spring season; full line: home range in autumn season. Population density of small mammals in autumn season amounted 120 individuals per one hectare

dial transmission in these places during the successive years was confirmed in our ecological experiments, especially in home-range studies (NOSEK and KOŽUCH, 1970; NOSEK et al., 1969).

References

BÁRDOŠ, V.: Viral neuroinfections with natural focality in Danube region. Čs epidem. **6**, 381–391 (1957) (In Slovak)
BÁRDOŠ, V., ADAMCOVÁ, J., ŠIMKOVÁ, A., ROSICKÝ, B., MRCIAK, M., DANIEL, M.: The natural focus of tick-borne encephalitis in the High Tatras. Čs. Epid. Microb. Immunol. **8**, 145–152 (1959)
BLAŠKOVIČ, D., NOSEK, J.: The ecological approach to the study of tick-borne encephalitis. Progr. med. Virol. **14**, 275–320 (1972)
ČERNÝ, V.: The role of mammals in natural foci of tick-borne encephalitis in Central Europe. Folia parasitol. (Praha) **22**, 271–273 (1975)
ERNEK, E., ŠKODA, R.: Isolation of tick-borne encephalitis virus from the bank vole (Clethrionomys glareolus) in the T. region. Vet. časopis **7**, 127–135 (1958) (In Slovak)

ERNEK, E.: The garganey/Anas querquedula L. 1758/as a possible reservoir of tick-borne encephalitis virus. Vet. časopis **8**, 8 – 16 (1959) (In Slovak)

GREŠÍKOVÁ, M.: Izolácia vírusu klιešťovej encefalitídy z klιešťov Ixodes ricinus, zozbieraných pri Devínskej ceste. Bratisl. lek. Listy, **64**, 1 – 128 (1975) (In Slovak)

GREŠÍKOVÁ, M., NOSEK, J.: Isolation of tick-borne encephalitis virus from Haemaphysalis inermis ticks. Acta virol. **10**, 359 – 361 (1966)

GREŠÍKOVÁ, M., NOSEK, J.: Isolation of tick-borne encephalitis virus from Ixodes ricinus ticks in the Tribeč region. Bull. Wld Hlth Org. 36, Suppl. **1**, 67 – 71 (1967)

GREŠÍKOVÁ, M., KOŽUCH, O., NOSEK, J.: Die Rolle von Ixodes ricinus als Vektor des Zeckenencephalitisvirus in verschiedenen mitteleuropäischen Naturherden. Zbl. Bakt. I Orig. **207**, 423 – 429 (1968)

GREŠÍKOVÁ, M., MRCIAK, M., BRTEK, V., SEKEYOVÁ, M.: Isolation and identification of TBE-Virus from the bank vole (Clethrionomys glareolus) in Western Slovakia. 2. Int. Arbeitskolloquium über „Naturherde von Infektionskrank. in Zentraleuropa" held in Graz, February 24 – 28, 1976 (1976)

HANNOUN, CL.: Progrès recents dans l'étude des arbovirus Bull de l'Inst. Pasteur **69**, 241 – 278 (1971)

KOŽUCH, O., GRULICH, I., NOSEK, J.: Serological survey and isolation of tick-borne encephalitis virus from the blood of the mole (Talpa europaea) in a natural focus. Acta virol. **10,** 557 – 560 (1966)

KOŽUCH, O., GREŠÍKOVÁ, M., NOSEK, J., LICHARD, M., SEKEYOVÁ, M.: The role of small rodents and hedgehogs in a natural focus of tick-borne encephalitis. Bull. Wld Hlth Org. **36**, Suppl. 1, 61 – 66 (1967)

KOŽUCH, O., NOSEK, J., RADDA, A.: Synökologische Untersuchungen in Naturherden des Frühsommer-Meningoenzephalitis-Virus vom Karpatischen Typus. Zbl. Bakt. I. Orig. **209**, 293 – 299 (1969)

KOŽUCH, O., NOSEK, J., ERNEK, E., LABUDA, M., CHMELA, J.: Ticks in relation to maintenance hosts of arboviruses in Central Europe. Proceedings of the 3rd Int. Congres of Acarology, Prague, August 31/September 6, 1971. 1973, pp. 579 – 581

KOŽUCH, O., NOSEK, J.: Survival of tick-borne encephalitis (TBE) virus in hibernating ticks. Wissenschaftliche Arbeiten aus dem Burgenland. 1. Internationales Arbeitskolloquium über Naturherde von Infektionskrankheiten in Zentraleuropa. 17. – 19. April 1973, Illmitz und Graz. **1973/1**, 8 – 9 (1974)

KRAJČÍR, A.: Selected problems of medical geography of Slovakia. Dissertation Ph. D. degree, Institute of Geography, Slovak Academy of Sciences, Bratislava 1975

KUCHERUK, V.V., IVANOVA, L.M., NERONOV, V.M.: Viral infection: Tick-borne encephalitis. In: Geografiya prirodnoochagovykh bolezney cheloveka v svyazi s zadachami ikh profilaktiki. Edited by Petrischeva, P.A. and Olsuf'ev, N.G. Akad. Med. Nauk SSSR. Izd. "Meditsina"; Moskva 1969, pp. 171 – 216 (In Russian)

LIBÍKOVÁ, H., ALBRECHT, P.: Pathogenicity of the tick-borne encephalitis virus, isolated in Slovakia from Dermacentor marginatus Sulz. for some laboratory, domestic and savage animals. Vet. časopis **8**, 461 – 69 (1959) (In Slovak)

LIBÍKOVÁ, H.: Investigations on viruses in ticks of the genus Ixodes. Lek Obz. **13**, 607 – 14 (1964) (In Slovak)

MAYER, V.: Study of the tick-borne encephalitis virus-chick embryo cell system by the plaque method. Acta virol. **6**, 309 (1962)

MAYER, V., KOŽUCH, O.: Study of the virulence of tick-borne encephalitis virus. XI. Genetic heterogeneity of the virus from naturally infectious Ixodes ricinus ticks. Acta virol. **13**, 469 (1969)

MAYER, V., SLÁVIK, I., LIBÍKOVÁ, H.: Study of the virulence of tick-borne encephalitis virus. VIII. Differentiation by chromatography on hydroxylapatite of clones possessing distinct biological properties. Acta virol. **11**, 407 – 419 (1967)

Nosek, J., Kožuch, O.: New aspects in the ecology of tick vectors. Folia parasitol. (Praha) **17**, 327—329 (1970)

Nosek, J.: Experimental studies of relations between mammals and tick-borne encephalitis virus. Congress of Acarology, Sahlfelden, August 11—18, 1974 (1976)

Nosek, J., Blaškovič, D.: Ticks as vectors of tick-borne encephalitis (TBE) virus in Europe. Proceedings of the 3rd Int. Congress of Acarology, Prague 1971. 1973, pp. 589—591

Nosek, J., Grulich, I.: The relationship between the tick-borne encephalitis virus and the ticks and mammals of the Tribeč Mountain range. Bull. Wld Hlth Org. **36**, Suppl. 1, 31—47 (1967)

Nosek, J., Lichard, M., Sztankay, M.: The ecology of ticks in the Tribeč and Hronský Inovec mountains. Bull. Wld Hlth Org. **36**, Suppl. 1, 49—59 (1967)

Nosek, J., Kožuch, O.: The use of carbon dioxide for collecting of ticks. Zbl. Bakt., I. Abt. Orig. **211**, 400—402 (1969)

Nosek, J., Kožuch, O., Grulich, I.: The structure of tick-borne encephalitis (TBE) foci in Central Europe. Oecologia (Berl.) **5**, 61—73 (1970)

Nosek, J., Krippel, E.: Mapping of Ixodid ticks. Zprávy Geografického ústavu ČSAV Brno **11**, 9—19 (1974)

Nosek, J., Mayer, V.: Prophylaxis of tick-borne encephalitis in the light of recent findings. I. Valency and persistence of natural foci of infection on the territory of the Slovak Socialist Republic and development of new foci. Lekársky obzor **24**, 577—582 (1975) (In Slovak)

Nosek, J., Kožuch, O., Radda, A.: Investigations on the ecology of TBE virus in northern Moravia. Zbl. Bakt. I. Orig. **208**, 81—87 (1968) (In German)

Nosek, J., Kožuch, O., Lichard, M., Ernek, E.: Synecology of tick-borne encephalitis in control area. In Blaškovič et al.: Experimental study of immunization of domestic milk-giving animals with live attenuated tick-borne encephalitis virus: Biologické práce SAV **XV**/5, 54—66 (1969)

Nosek, J., Sixl, W.: Vergleichende Studien über die Naturherde der Zeckenencephalitis in Mitteleuropa. 4th Int. Congress of Acarology Sahlfelden, S. 11—18, 1974

Pretzmann, G.: Bedeutung des Wetters für die Morbidität einer durch Zecken übertragenen Virusinfektion des Menschen. Archiv f. Hyg. und Bakt. **149**, 97—106 (1965)

Radda, A.: Geoökologische Gesichtspunkte beim Vorkommen der Frühsommer-Meningoencephalitis. Geographische Zeitschrift. Beihefte: Erdkundl. Wissen Heft 35: Fortschritte der geomedizinischen Forschung. Jusatz, H.J. (Hrsg.) 1973a, S. 62—75

Radda, A.: Die Zeckenencephalitis in Europa. Geographische Verbreitung und Ökologie des Virus. Z. angew. Zoologie **60**, 409–461 (1973b)

Rosický, B., Hejný, S.: Structure of elementary foci of tick-borne encephalitis and the possibility of their indication by certain phytocoenoses. Symp. Smolenice 1961, p. 420—422

Sixl, W., Nosek, J.: Einfluß von Temperatur und Feuchtigkeit auf das Verhalten von Ixodes ricinus, Dermacentor marginatus und Haemaphysalis inermis. Archives des Sciences Genève **34**, 97—109 (1971)

Tanaka, R.: Estimation of vole and mouse populations on Mt. Ischizuchi and the upplands of southern Shikoku. J. Mammal. **32**, 450—458 (1951)

Westaway, E.G.: Assessment and application of a cell line from pig kidney for plaque assay and neutralization tests with twelve group B arboviruses. Amer. J. Epidemiol. **84**, 439 (1966)